Newton

GRAPHIC SCIENCE MAGAZINE ニュートン

超 効率 30分間の 教養講座

図だけでわかる！

量子論

JN010698

目次

量子論とは何なのか

ミクロな世界とは1000万分の1ミリメートル以下の大きさになる。たとえば，地球とビー玉の大きさの比率が，野球のボールとその表面にある原子の大きさの比率とだいたい同じになるほど小さい世界である。

地球
直径1万3000キロメートル程度

地球上のビー玉
直径1センチメートル程度

野球のボール
直径7センチメートル程度

ボールの表面の原子
直径1000万分の1ミリメートル
（0.1ナノメートル）程度

電子
（マイナスの電気）

原子核
（プラスの電気）

あらゆる物質は「原子」からできている。原子以下のミクロなサイズの世界では、「ニュートン力学」では説明できない現象がみられるようになる。このミクロな世界の物質のふるまいを解き明かすのが「量子論」である。

陽子
（プラスの電気）

中性子
（電気をもたない）

原子核

原子核はプラスの電気をもった「陽子」と電気をもたない「中性子」が集まってできている。

ビー玉 → 原子核に相当

客席も含めた東京ドームの建物全体 → 原子（電子の軌道）に相当
※計算に使ったのは高さではなく，建物の横方向の広がり

原子核（かく）と電子は原子よりさらに小さい。原子核をビー玉に置きかえ，それを東京ドームのまん中に置いたとき，原子の大きさは観客席も含めた東京ドーム全体をすっぽりとおおう程度になる。電子の大きさはわかっていないが，原子核よりずっと小さい。

量子論の重要項目はこの二つ！

STEP 1

量子論には私たちの常識と大きく
ことなる点がある。一つは「波と
粒子の二面性」、もう一つは「状
態の共存」である。量子論を理解
するためには，矛盾しているよう
にも思えるこの二つの性質を受け
入れることがポイントである。

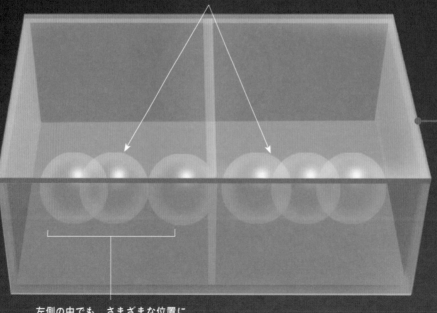

粒子としての光

電子が右側にいる状態と左側
にいる状態が共存している

左側の中でも，さまざまな位置に
いる状態が共存している

光のオセロのコマ

波としての光

光

ミクロな世界では，光や電子などが，まるでオセロのコマのように，「波の性質」と「粒子の性質」の二面性をあわせもっている。私たちの常識では，「波」は広がりをもち，「粒子」は特定の1点に存在するように，たがいに相いれないものである。

STEP 3

ミクロな世界では，まるで忍者の分身の術のように，一つのものが同時に複数の場所に存在できる。この現象は実験的にも確かめられている事実であり，量子論で最も重要な性質といえる。

波とは何か，
粒子とは何か

STEP 1

波とは「ある場所での何かの振動が，周囲に広がりながら伝わっていく現象」である。たとえば水面に石を落とすと，石が落ちた場所の水がゆらされ，その振動が周囲に広がって波となる。

波の進行方向

波は広がりながら進む

防波堤

防波堤のかげ

防波堤のかげ

STEP 2

波は広がりながら進む。そのため波は障害物があってもその後ろのかげの部分にまでまわりこんで進む。これは「回折」とよばれる，波がおこす現象の一つである。

STEP 3

粒子とはビリヤードの球を小さくしたようなものといえる。波は広がりをもつので,「ここにある」と1点だけをさし示すことはできないが,球(粒子)はある瞬間(しゅんかん)に特定の1点に存在できる。また,粒子は力がおよばないかぎりまっすぐ進む。

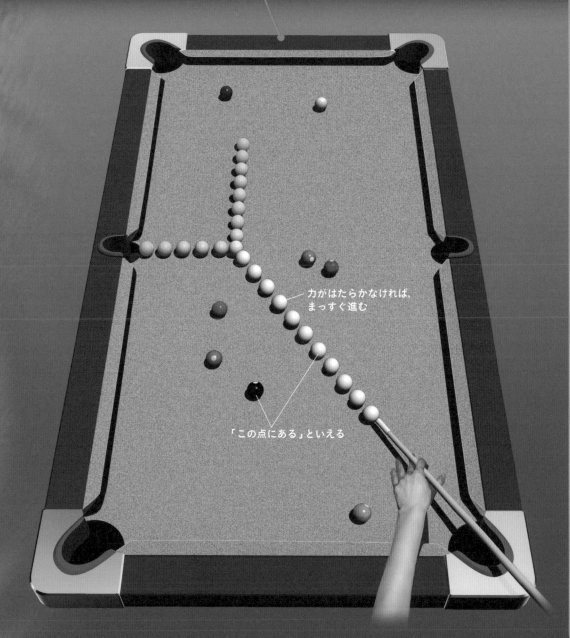

力がはたらかなければ,
まっすぐ進む

「この点にある」といえる

ポイント① 波と粒子の二面性

19世紀まで，光＝波だとされていた

STEP 1

イギリスの物理学者トーマス・ヤングの「光の干渉（かんしょう）」の実験などによって，19世紀ごろまでは「光＝波」が，科学者たちの常識であった。干渉とは，二つ以上の波が重なって強め合ったり弱め合ったりする，波の独特な性質である。

二つに分かれて広がっていく波

広がって進む波

スリットB

スリットA

干渉縞

スリット

光源

黄色の線は波の「山の頂上」をあらわしている

山と山が重なって波が強め合っている点

スクリーン

二重スリット

光の波の概念図

STEP 2

光源の光は，最初のスリットを通過したあと，回折をおこして広がって進む。そして二つのスリットでさらに回折をおこす。スリットA，Bを通過した波は干渉をおこし，スクリーン上で波が強め合う点は明るくなり，弱め合う点では暗くなる。

波が強め合ってスクリーンは明るくなる

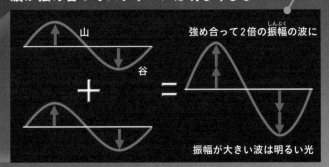

山
谷
強め合って2倍の振幅の波に
振幅が大きい波は明るい光

波が弱め合ってスクリーンは暗くなる

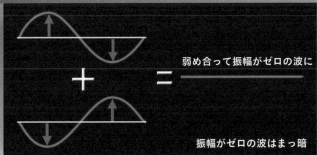

弱め合って振幅がゼロの波に
振幅がゼロの波はまっ暗

STEP 3

干渉の結果，スクリーンには独特の明暗の縞模様（干渉縞）ができる。もし光が粒子なら，スリットで回折はおきず，光源からスリットのまっすぐ先のあたりだけが明るくなるはずである。この実験から，光＝波が主流となっていったのである。

光が単純な粒子なら？

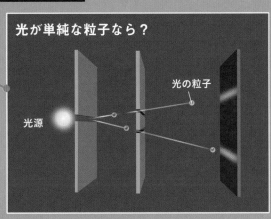

光源
光の粒子

光はとびとびの不連続な エネルギーをもつ

内部が高温になった炉

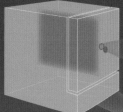

光：空洞放射
（黒体放射）

内部が高温になった炉の断面

光が壁で何度も反射し,
小窓から外に出る

光：空洞放射
（黒体放射）

小窓

製鉄のイメージ

STEP 1

19世紀末，製鉄業ではよい品質の鉄をつくるために，溶鉱炉の中などの温度を正確に測る必要があった。直接は測れないため，高温のものから出る光の色（波長）から，温度の推定が行われていた。しかし，高温のものから発せられる光の法則性を，理論的に説明できずにいた。

STEP 2

1900年，ドイツの物理学者マックス・プランクは，高温のものが発する光の法則性について，実験結果と一致する数式を導き出す。この式は，どの波長領域でも実験結果と見事に合致した。そして，この式の意味を考察する中で，プランクは「量子仮説」という考えにたどりついたのである。

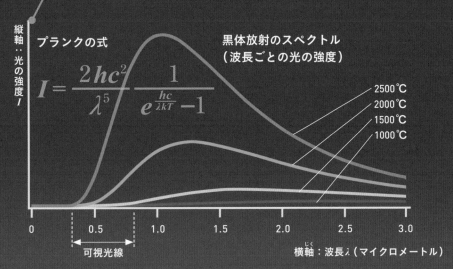

縦軸：光の強度 I

プランクの式

$$I = \frac{2hc^2}{\lambda^5} \frac{1}{e^{\frac{hc}{\lambda kT}} - 1}$$

黒体放射のスペクトル
（波長ごとの光の強度）

2500℃
2000℃
1500℃
1000℃

0   0.5   1.0   1.5   2.0   2.5   3.0

可視光線

横軸：波長λ（マイクロメートル）

バネでたとえたプランクの量子仮説

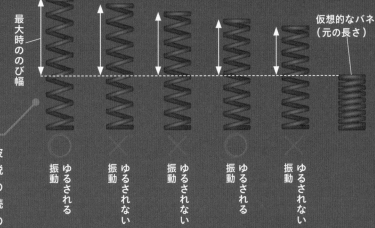

最大時ののび幅

仮想的なバネ（元の長さ）

振動 ゆるされる ○
ゆるされない 振動 ×
ゆるされない 振動 ×
振動 ゆるされる ○
ゆるされない 振動 ×

STEP 3

原子・分子が振動すると，光の波（電磁波）が発生する。量子仮説とは，「光を発する粒子の振動のエネルギーは，とびとびの不連続な値しかとれない」というものだ。これをバネの振動で単純化してたとえると，「バネの最大ののびがとびとびの値になるような振動だけがゆるされ，そこからずれた振動はゆるされない」ということになる。

ポイント① 波と粒子の二面性

光には粒子の性質もあった

りゅう し

金属に光を当てると，金属中の電子が光からエネルギーをもらって外に飛び出すという現象がおこる。これを「光電効果」とよぶ。波長の短い光の場合，光を暗く（弱く）すると電子の飛び出る数は減るが，それでも光電効果はおきる。一方，波長の長い光の場合，光をどんなに明るく（強く）しても電子は飛び出さない。光を単純な波と考えるとうまく説明できない現象がみられたのである。

波長の短い光

波長が短いと光電効果がおきる
光を暗くしても，光電効果はおきる

飛び出る電子

金属板

波長の
長い光

はく
箔検電器

金属箔

波長が長いと光電効果がおきない
光を明るくしても，光電効果はおきない

電子がマイナスの電気を持ち去り，反発力が弱まって箔が閉じる

金属箔はマイナスの電気の反発力で開いたまま

ドイツ生まれの物理学者アルバート・アインシュタインは，光のエネルギーにはそれ以上分割できない最小のかたまり「光子（光量子）」があると考えた。この場合，光の波長が短いほど光子はエネルギーが高まり衝撃が強くなる。そのため，数が少なくても（暗くても）金属板の中の電子をはじき飛ばす。一方，波長が長い光は光子のエネルギーが小さいので，数を多くしても（明るくしても）光電効果がおきない。光を「光子の集合体」と考えることで，うまく説明ができるのだ。

光子で考える光電効果
（波長の短い光）

電子が飛び出す

光子

金属の板

波長の短い光の光子は衝撃が大きい

波長の短い光の光子は，
いわば衝撃の強い鉄球

鉄球　　光子

光子で考える光電効果
（波長の長い光）

金属の板

光子

波長の長い光の光子は
衝撃が小さい

波長の長い光の光子は，
いわば衝撃の弱いバドミントンの羽根

バドミントン
の羽根　　光子

15

光子だと説明がつく 身近な現象

STEP 1

光を波と考えた場合，光のエネルギーは遠くに行くほどかぎりなく薄まるはずである。一方，光子の考え方では，かたまり（粒子）が進んでいくので，かたまり1個のもつエネルギーは遠くでも変わらない。

光が波なら，星はすぐには見えない

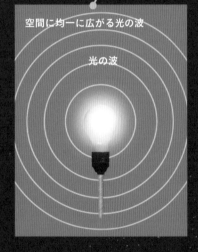

空間に均一に広がる光の波

光の波

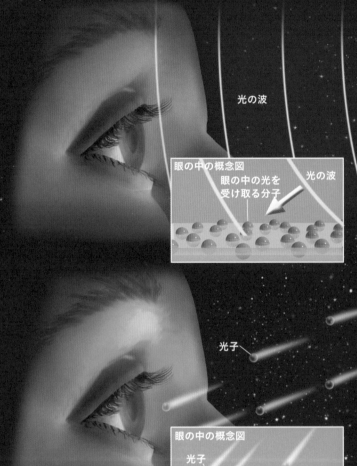

光の波

光の波

眼の中の概念図
眼の中の光を
受け取る分子

空間に均一に広がる光の波

光子

光子

眼の中の概念図
光子
眼の中の光を
受け取る分子

光が粒子なら，星はすぐに見える

STEP 2

星が見えるには，眼の中の分子が光を受けて変化をおこす必要がある。光が単純な波で，広がって眼に届くとすると，眼の中の一つの分子が受け取れる光のエネルギーはごくわずかとなり，分子が変化をおこすだけのエネルギーをためるには長い時間がかかり，夜空を見上げてもすぐには星は見えないことになる。

星

星

エネルギーが少しずつたまる

←「見える」ために必要なエネルギー

眼の中の分子が受け取ったエネルギーの模式図

STEP 3

一方，光がかたまり（光子）となって進むとすると，眼の中には膨大（ぼうだい）な数の分子があるため，その中のいくつかは光子とぶつかることになる。光子1個のエネルギーが分子に変化をおこすのに十分であれば，私たちは星の光を瞬時（しゅんじ）に見ることができる。光を粒子と考えると，夜空を見上げてすぐ星が見えることの説明がつくのだ。

「見える」ために必要なエネルギー

エネルギーが1か所に一度にたまる

眼の中の分子が受け取ったエネルギーの模式図

ポイント① 波と粒子の二面性

19世紀まで，
電子＝粒子だとされていた

STEP 1

1897年，イギリスの物理学者ジョセフ・トムソンは，マイナスの電気をもつ「電子」の存在を明らかにした。すると，「原子の中で電子がどのように存在しているか」という新たな難題が浮上した。マイナスの電気をもつ電子が存在するには，同量のプラスの電気をもつ"何か"が原子の中にあるはずだと考えられ，さまざまな原子模型が生み出された。右下の「土星型の原子模型」もその一つである。

ブドウパン型の原子模型

プラスの電気の
かたまり

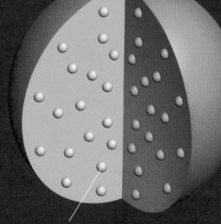

電子
（マイナスの電気）

トムソンは，プラスの電気をもったかたまりの中に電子がぽつぽつと埋まった，ブドウパン型の原子模型を考えた。

土星型の原子模型

原子

プラスの電気
のかたまり

電子

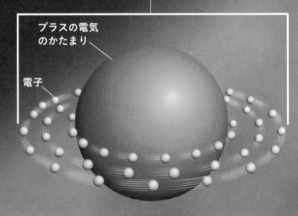

日本の物理学者の長岡半太郎は，プラスの電気をもった球のまわりを電子がいくつも回転している原子模型を考えた。

プラスの電気のかたまりに接近する電子

光

? プラスの電気 電子
のかたまり

STEP 2

土星型の原子模型には難点
があった。当時すでに完成
していた電磁気学により，
「電子はまわっているうち
に光を放出してエネルギー
を減らし，らせんをえがき
ながら中心に落下して合体
してしまう」と否定された
のである。

ラザフォードの原子模型

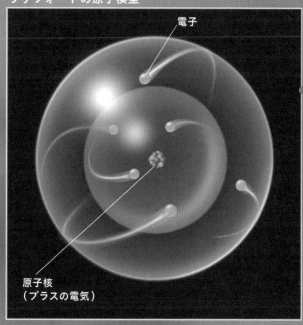

電子

原子核
（プラスの電気）

STEP 3

1909年，ニュージーランド
生まれの物理学者アーネス
ト・ラザフォードらによって，
原子の中心にプラスの電気を
もったとても小さなかたまり
「原子核」が存在することが，
実験によって確かめられた。
ラザフォードは，小さな原子
核のまわりを電子がまわる，
太陽系のような原子模型を提
案した。しかし，これも土星
型の原子模型と同じ問題をか
かえていたのである。

電子は波の性質ももつ，と考えられるようになった

粒子としての光

光のオセロのコマ

STEP 1

ラザフォードの原子模型の難点を解決するアイデアを考案したのがフランスの物理学者ルイ・ド・ブロイである。光はもともと波の性質をもつことが知られていたが，アインシュタインによって，粒子としての性質ももつことが明らかにされた。長い間，表の波の性質しか知られていなかったが，オセロのコマのように裏の粒子の性質も明らかになったのである。ド・ブロイはこの二面性の考えを電子に当てはめたのだ。

波としての電子

電子のオセロのコマ

STEP 2

ド・ブロイは「電子などの物質粒子には波の性質がある」と主張したのである（物質波，ド・ブロイ波）。電子は単純な粒子だと考えられていたため，当時の常識に反する内容であった。電子は表の粒子の性質しか知られていなかったが，光のように，電子にも裏の波の性質があるはずだとド・ブロイは考えたのである。

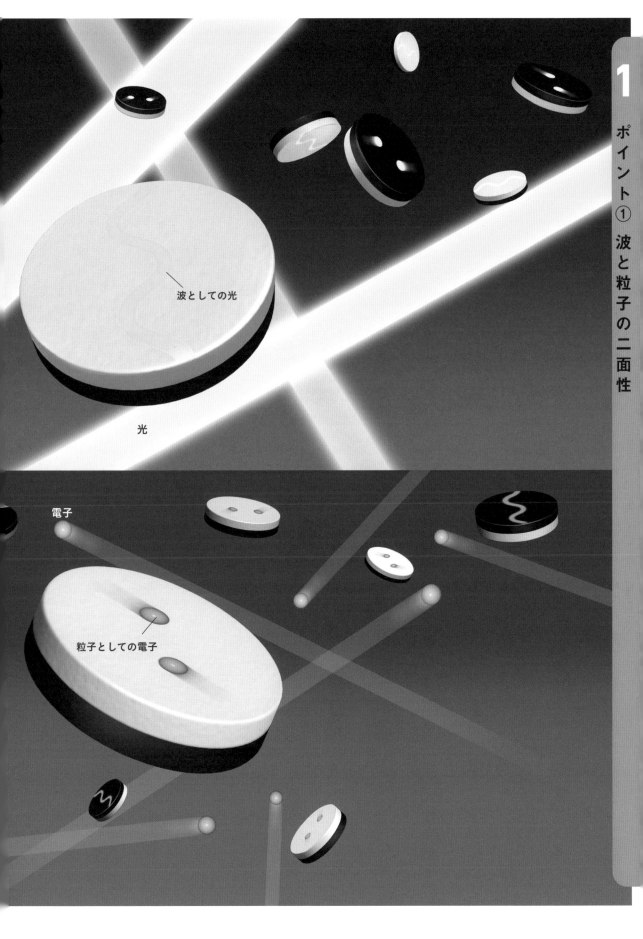

波としての光

光

電子

粒子としての電子

ポイント① 波と粒子の二面性

量子論が原子の構造を解き明かした

STEP 1

デンマークの物理学者ニールス・ボーアは, ラザフォードとド・ブロイのアイデアを融合させて, 「量子論的な水素原子模型(右ページ)」を考案する。水素原子は電子一つと原子核(陽子一つ)からできた, 最も単純な構造の原子である。

弦楽器の波

注：矢印は節(振動しない場所)

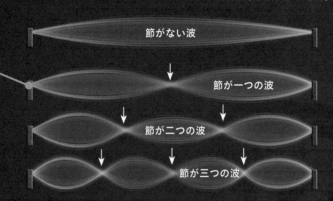

節がない波

節が一つの波

節が二つの波

節が三つの波

STEP 2

たとえば, バイオリンの弦をはじいて波をつくることを考えてみよう。弦の両端は留め具で固定され振動できないので, 波の形は自由にはつくれない。節がない波, 節が一つの波, といったように, 節が整数個の波しかつくれない。

この模型では，電子を円形の弦を伝わる波として考える。この場合，波長の整数倍がちょうど円周と一致しないと波として存在できない。つまり，「波長の整数倍が円周と一致する軌道」の上にしか電子の波は存在できないことになる。このことから，電子の存在できる軌道はとびとび（不連続）になり，19ページ上の図のように，半径が少しずつ減少してらせん状になることはない。この模型が厳密に正しいわけではないが，これまでの疑問を説明することができたのである。

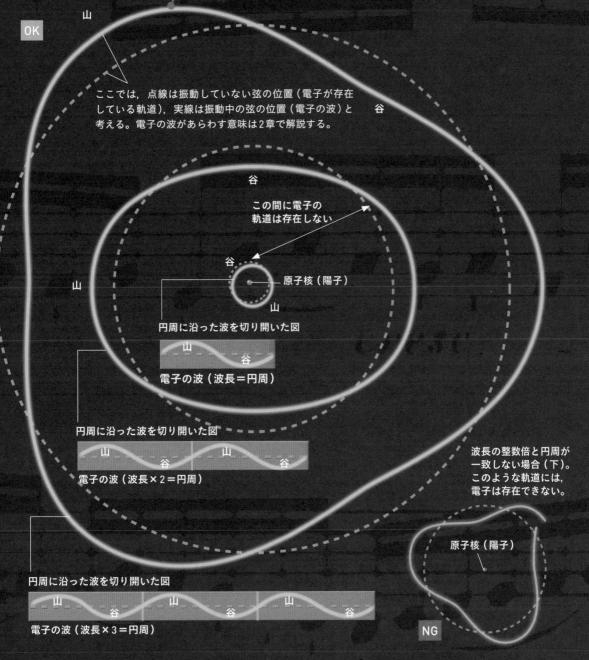

OK

山

谷

ここでは，点線は振動していない弦の位置（電子が存在している軌道），実線は振動中の弦の位置（電子の波）と考える。電子の波があらわす意味は2章で解説する。

谷

この間に電子の軌道は存在しない

谷

山

原子核（陽子）

円周に沿った波を切り開いた図

山
谷

電子の波（波長＝円周）

円周に沿った波を切り開いた図

山　　　　　山
谷　　　　　谷

電子の波（波長×2＝円周）

波長の整数倍と円周が一致しない場合（下）。このような軌道には，電子は存在できない。

円周に沿った波を切り開いた図

山　　　山　　　山
谷　　　谷　　　谷

電子の波（波長×3＝円周）

原子核（陽子）

NG

注：点線より外側に波がある場所が「山」，点線より内側に波がある場所が「谷」

電子は軌道を "ジャンプ"して移動する

STEP 1

量子論的な原子模型を使うと,原子が光を放出・吸収する現象を非常にうまく説明できる。電子の軌道が同心円状に分かれていると考えてみよう。この場合,外側の軌道ほどエネルギーは高くなる。電子は通常,エネルギーが最も低い内側の軌道にいる(基底状態)。

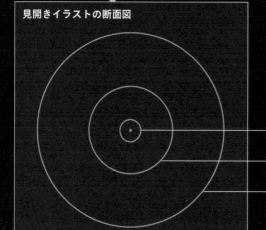

見開きイラストの断面図

最もエネルギー
が低い軌道

2番目にエネルギー
が低い軌道

3番目にエネルギー
が低い軌道

外側の軌道ほどエネルギーは高い

STEP 2

基底状態の電子は,外からやって来た光子を吸収すると,その光子のエネルギーを吸収して,エネルギーの高い軌道にジャンプし移動する(励起状態)。このとき電子に吸収されるのは,軌道のエネルギー差に相当するエネルギーをもつ光子だけである。

励起状態は，原子の一時的な興奮状態のようなもので，しばらくすると電子は基底状態の軌道にもどる。そのとき，軌道のエネルギー差に相当するエネルギーをもつ光子を放出する。電子の軌道は決まっているので，軌道間のエネルギー差も決まっている。つまり，「水素原子は，軌道間のエネルギー差とちょうど同じエネルギーの光子だけを吸収したり，放出したりする」ということになる。このことは，電子が波であることの有力な証拠とみなされたのである。

光子を放出して，電子が
下の軌道にジャンプする

エネルギーが最も低い軌道
（球の表面）：基底状態

放出される
光子

放出される光子

電子

原子核

3番目にエネルギーが低い軌道
（球の表面）：励起状態

吸収される光子

吸収される光子

2番目にエネルギーが低い軌道
（球の表面）：励起状態

電子

光子を吸収して，電子が
上の軌道にジャンプする

電子

Q&A

Q / 「ニュートン力学」と量子論は何がちがうのか？

A / ニュートン力学とは，私たちの身のまわりでみられる「物の運動」を解き明かす理論である。17世紀のイギリスの科学者アイザック・ニュートンが確立した。物体は外から力が作用しなければ静止または等速度運動をつづける「慣性の法則」，力を受けた物体がどのように運動するのかをあらわす「運動方程式」，物体がほかの物体に作用をおよぼすとき，逆向きで等しい大きさの力を受ける「作用・反作用の法則」の，「運動の3法則」が土台となっている。

たとえばボールを遠投した際の，ボールを投げた瞬間の速さと向き，高さがわかれば，地面に落ちる位置はニュートン力学によって厳密に計算できる（空気抵抗などは無視する）。

一方，量子論は原子や電子といったミクロの世界のふるまいを解き明かす理論である。量子論以前の物理学は，「古典論」とよばれる。ここまでみてきたように，ミクロな物質はニュートン力学では説明できない不思議なふるまいをするため，それにかわる新しい理論が必要になったのである。ただし，量子論が私たちの身のまわりでみられるマクロなサイズの世界に適用できないわけではない。マクロなサイズの物体の運動に量子論を適用すると，計算が膨大になってしまうため，実用上は計算が楽な古典論が使われるのだ。

Q / 量子論の「量子」とは何か？

A / 量子（英語でquantum）とは「一つ，二つ，……と数えられる小さなかたまり」という意味である。量（quantity）の基本単位（最小単位）ともいえる。量子論の誕生前，光のもつエネルギーは「連続的」だと考えられていた。1の明るさ（エネルギー）をもつ光があれば，1.1の明るさの光でも，1.0001の明るさの光でも，いくらでも細かく連続的に増減させることができると考えられたのである。しかし，ここまでみてきたように，量子論によると光のエネルギーには最小単位があり，1，2，3，……と数えられ，中途半端な1.1といった値は存在しない，とびとびで不連続であることがわかったのである。このような光のエネルギーの小さなかたまりを「光量子」などとよぶ。

Q / 「波」とはいったい何なのか？

A / 長いバネの端を振ると，バネに山または谷ができて進んでいく。このように，山や谷の形が伝わっていく現象が波である。バネの各部分は波とともに進むわけではなく，波をつくった手と同じようにその場で振動している。この例のように，波の進行方向と振動方向が直角に交わる波を「横波」という。なお，山の高さ（または谷の深さ）を「振幅」，山一つと谷一つを合わせた長さを「波長」とよぶ。

ここで，バネの左右から二つの波をぶつけることを考えよう。山と山をぶ

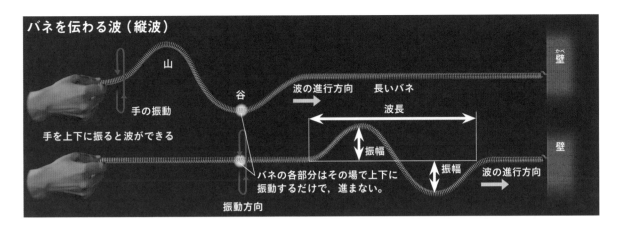

バネを伝わる波（縦波）

壁

山

波の進行方向　長いバネ

手の振動

波長

手を上下に振ると波ができる

壁

振幅

バネの各部分はその場で上下に
振動するだけで，進まない。

振幅

波の進行方向

振動方向

つけると，二つの波が完全に重なった瞬間には，波が強め合って2倍の高さの波があらわれる。一方，山と谷をぶつけると，二つの波が完全に重なった瞬間には，波が弱め合ってバネは平らになる。このように，二つの波が強め合ったり，弱め合ったりする現象を「波の干渉」とよぶ。

音は空気を伝わる波だが，空気を振動させて進んでいく。空気には分子の密度が高い部分（密）と低い部分（疎）が交互にあらわれる。音波とは，この空気分子の疎密の分布が進んでいく現象である。このとき，空気の分子は波の進行方向と同じ方向を行ったり来たりする振動をおこす。つまり，波の振動方向が進行方向に一致する波になるため，音は「縦波」とよばれる。

波には干渉や回折のほか，反射や屈折といった現象もみられる。

Q 「光」にはどんな種類があるのか？

A 目に見える光を「可視光」とよぶ。波長によって色がちがって見え，波長の短いほうから，紫，藍，青，緑，黄，橙，赤となる。

光は可視光以外にも種類がある。目には見えないが，日焼けの原因となる「紫外線」や，電気ストーブから発せられて体をあたためる「赤外線」も光の仲間である。可視光よりも波長域が

外側にあるため，紫“外”線や赤“外”線，と表現される。物理学では，これらをまとめて「電磁波」とよぶ。

電磁波は波長のちがいで大まかに分けられている。波長の短いものから，「ガンマ線（波長：10pm以下）」，エックス線（1pm～10nm）」，「紫外線（1～400nm）」，「可視光（約400～800nm）」，「赤外線（約800nm～1mm）」，「電波（約0.1mm以上）」，「マイクロ波（電波の一部，約1mm～1m）」となっており，エックス線はレントゲン写真，マイクロ波は電子レンジ，電波はスマートフォンやテレビの通信など，さまざまな用途で使われている。ただし，それぞれの波長の範囲は厳密に決まっておらず，おたがいにいくらか重なり合っている。

Q 黒体放射とは何か？

A 通常の物体は，光の波長に応じて光を吸収したり，反射したりする。一方，黒体とは，すべての波長の光（電磁波）を吸収する理想的な物体のことである。熱せられた黒体が放出する光が「黒体放射」だ。中が空洞になった容器の内部を高温にした際に，その壁面にあけられた小さな穴から出てくる光（空洞放射）は，容器が黒体でなくても黒体放射と同じになることが知られている。

19世紀末，溶鉱炉の中の温度は小窓

から出てくる光（黒体放射）の色によって推定されていた。光の色が赤色なら600℃程度，黄色なら1000℃程度，白色なら1300℃以上といったぐあいだ。量子仮説誕生以前から，黒体放射のスペクトルを説明しようとする式は存在していたが，波長が長い領域や波長が短い領域では実験結果がずれるという問題があった。プランクの式はその問題を見事に解決してみせたのである。

Q 箔検電器を使った光電効果の実験とはどんなものか？

A 光電効果は，19世紀末ごろにみつかった「金属に光を当てると，金属中の電子が光からエネルギーをもらって外に飛び出す」という現象だ。このとき，電子を飛び出させるには，ある一定以上のエネルギーを電子にあたえてやる必要がある。

箔検電器は，金属板と2枚の金属箔からなる装置である。箔検電器の金属板に静電気でマイナスの電気をあたえると，箔にも電気が広がっていき，マイナスの電気どうしの反発力で箔が開く。この金属板に波長の短い光を当てると箔は閉じていく。光電効果で飛び出した電子がマイナスの電気を持ち去り，箔の反発力が弱まるためだ。一方，波長の長い光を当てても電子は飛び出さず，箔は閉じない。

光を波として考えれば，暗い光は振幅が小さく，明るい光は振幅が大きくなる。本来なら，光を暗くすると電子はエネルギーを十分にもらえなくなり，光電効果がおきないはずである。一方，光を明るくすると電子がもらうエネルギーは大きくなり，光電効果がおきるはずである。つまり，光を単純な波と考えると，光電効果をうまく説明できないのだ。しかし，光を粒子と考えることで，うまく説明できるようになったのである。

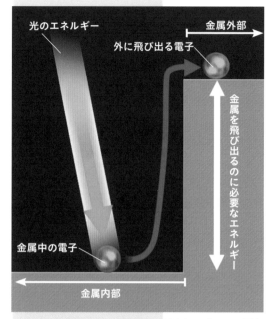

マイナスの電気をもつ電子は，金属中でプラスの電気をもつ陽イオンに引っぱられている。この引力を振りきって金属の外に飛び出るには，一定以上のエネルギーが必要になる。

Q 原子核を発見したラザフォードの実験とは？

A 実験では金属箔にアルファ線を当てて，その後どう進むかが調べられた。アルファ線はウランなどの放射性物質から出る放射線の一種で，プラスの電気をもった「アルファ粒子」という粒子の流れである。アルファ粒子は蛍光板にぶつかると光を発するので，どこに到達したかがわかる。

アルファ粒子はプラスの電気をもつので，金属箔の原子の中のプラスの電気と反発し合い，軌道が変えられると予想された。この軌道の変化から，原子の中でプラスの電気がどのように分布しているかを明らかにしようと考えたのである。

仮にブドウパン型の原子模型のように，プラスの電気が原子全体にまんべんなく雲のように広がって薄まっているとしたら，アルファ粒子はあまり進路を変えられないと予想できる。しかし，実験では，大きく進路を曲げられ

た粒子が予想以上に多く，ほぼ真後ろにはねかえったものさえあったのである。ラザフォードらはこの実験結果から，「プラスの電気は原子の中心のごく小さな領域に集中している」と考え，小さな原子核のまわりを電子がまわる太陽系のような原子模型を提案したのである。

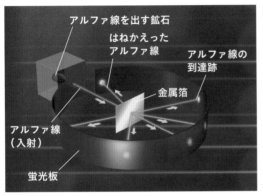

原子核を発見した，ラザフォードの実験装置

Q/ なぜ太陽の光を浴びると日焼けをするのに，ストーブにあたっても日焼けをしないのか？

A/ この現象は光を粒子だと考えると説明がつく。電気ストーブから出るのは主に赤外線である。日焼けをおこすには，皮膚（ひふ）の分子に電磁波を当てて化学的な変化をおこす必要がある。波長の短い紫外線（しがいせん）の光子なら，この反応をおこすのに十分なエネルギーをもっている。しかし，波長の長い赤外線の光子のエネルギーは，この反応をおこす十分なエネルギーをもっていない。そのため，ストーブに長時間あたっても，日焼けはおきないのだ。

日焼けは紫外線の光子でおきる

波長の短い紫外線の光子（光子のエネルギー大）

赤外線の光子では日焼けはおきない

波長の長い赤外線の光子（光子のエネルギー小）

Q/ 結局，正しい原子模型とはどういうものなのか？

A/ 23ページでは，電子が動く軌道を曲線であらわしている。しかし，電子を波として考えるときには広がりがあるので，曲線では不十分である。また，24〜25ページのように，球面であらわした場合でも不十分で，実際の電子の存在位置は下のように三次元的に広がっているというのが，より正しい原子模型といえる。

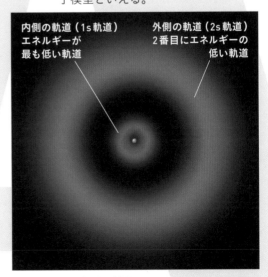

内側の軌道（1s軌道）エネルギーが最も低い軌道

外側の軌道（2s軌道）2番目にエネルギーの低い軌道

より正しい原子模型の断面図

2 ポイント② 状態の共存

一つの電子が複数の場所に同時に存在する！

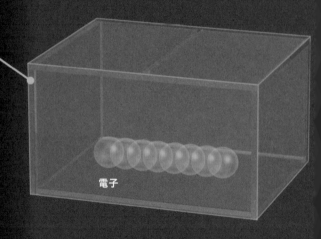

STEP 1

箱の中にボールが入っていたとする。ただし、箱の中のどこにあるかはわからない。ここで、箱の真ん中に仕切りを挿入（そうにゅう）すると、ボールは箱の右側か左側のどちらか一方に入っていることになるだろう。

ボール

STEP 2

これが、仮想的な小さな箱の中の電子だったらどうなるか。箱に仕切りを挿入したら、ボールと同じように電子も箱の左右のどちらか一方にだけあるはずだ。しかし量子論では、電子は箱の左右両方に同時に存在していると考える。ミクロな世界では、一つの物体は同時に複数の場所に存在できるのである。

電子

STEP 3

同時に存在するといっても、電子が複数にふえるわけではない。観測前は一つの電子が右にある状態と左にある状態が共存しており、観測するとどちらの状態かに確定するのである。「もともと電子が左側にあった」ということではない。これが「状態の共存」である。

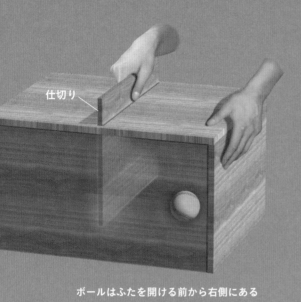

仕切り

ボールはふたを開ける前から右側にある

ボールは右側にあった

光

光を当てて，電子の
位置を確認する

観測前

右側の中でも電子はさまざ
まな位置に共存している

観測後

電子

電子はふたを開ける前，左右両方に
同時に存在している（状態の共存）

電子が左側にいることが確定する
（はじめから左側にいたのではない）

電子の波は 「観測する」と1点にちぢむ

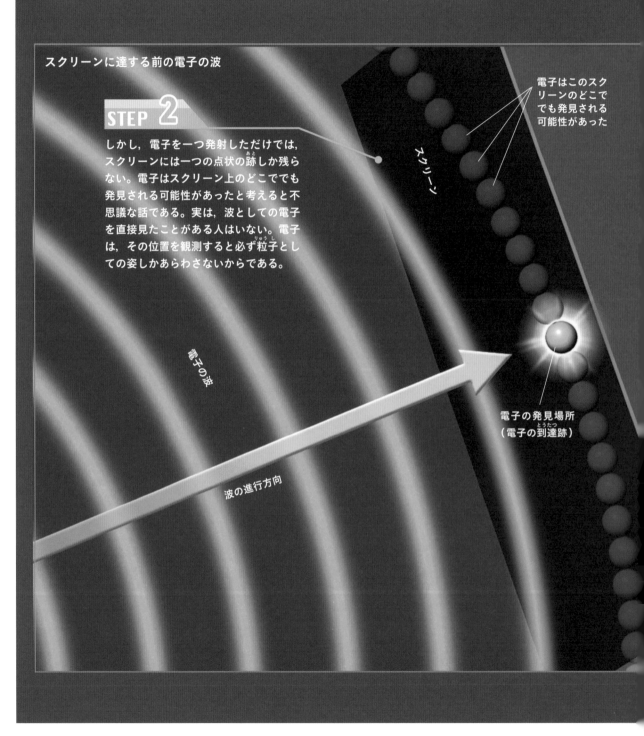

スクリーンに達する前の電子の波

STEP 2

しかし，電子を一つ発射しただけでは，スクリーンには一つの点状の跡しか残らない。電子はスクリーン上のどこででも発見される可能性があったと考えると不思議な話である。実は，波としての電子を直接見たことがある人はいない。電子は，その位置を観測すると必ず粒子としての姿しかあらわさないからである。

電子はこのスクリーンのどこででも発見される可能性があった

スクリーン

電子の波

波の進行方向

電子の発見場所
（電子の到達跡）

二重スリットを使った電子の干渉実験

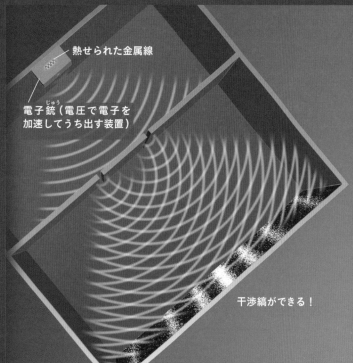

熱せられた金属線

電子銃（電圧で電子を
加速してうち出す装置）

干渉縞ができる！

スクリーンに達する直前の波

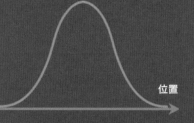

位置

スクリーン

電子の波は，スクリーンいっぱいに
広がっていた

スクリーンで収縮した電子の波

針状の波
（幅ゼロ）

元の波

位置

電子の発見場所

スクリーン

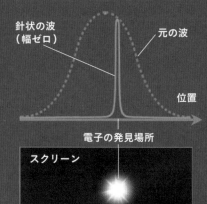

波の収縮によって，元の波のほかの
成分は消え失せる

STEP 1

電子で二重スリット実験を行
うと，光と同じように干渉縞
ができる。くりかえし電子を
一つずつ発射していくと，ス
リットの先のスクリーンに，
徐々に縞模様があらわれるの
である。これは電子が波のよ
うな性質をもっていて，その
波が干渉してできたことをあ
らわしている。

STEP 3

スクリーンに達する直前まで広がっていた電子の波
は，スクリーンの1点で観測される。この瞬間，電子
の波は幅のない鋭い針状の波にちぢんだ（「収縮」し
た）ことになる。つまり観測を行うと，電子の波は収
縮し，粒子としての電子が姿をあらわすといえる。そ
して，観測を行ったあと，ふたたび電子は波として周
囲に広がっていくのである。

2 ポイント② 状態の共存

電子の波は,発見確率を あらわしている

STEP 1

電子の波とは,結局何をあらわしているのか? 量子論の標準的な解釈によると,電子の波は「電子の発見確率」と関係しているという。電子の波が高い場所ほど電子の発見確率が高く,高さゼロの場所(グラフが横軸と交わっている場所)は発見確率がゼロというわけだ。

電子の発見確率はゼロ ─

横軸

電子の波

分身して存在する電子のイメージ
(濃い場所ほど発見確率が高い)

STEP 2

このイラストでは,電子の波の意味を,濃淡を変えた多数の粒子でも表現してある。くっきり電子をえがいた場所ほど発見確率が高いことを意味している。つまり一つの電子は,発見確率に濃淡をもちながら,"分身"して多数の場所に同時に存在していることになる。人のようなマクロなもので考えると,直感的にはありそうもない,不思議な話である。

分身して存在する人のイメージ

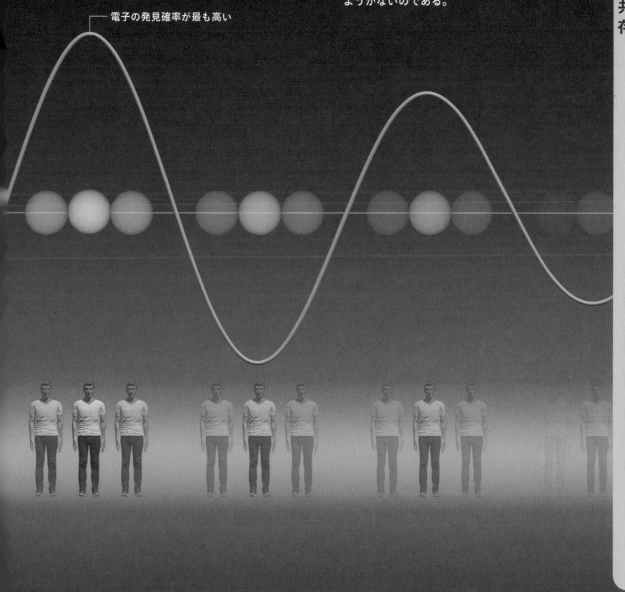

STEP 3

ここで大事なことは,「電子はどこか1か所にいるが, 人間（観測者）が知らないだけ」ではないということだ。観測前には, 確かに波として広がって存在しているのである。電子は単純な波でも単純な粒子でもなく,「量子論的な存在」としかいいようがないのである。

電子の発見確率が最も高い

ポイント② 状態の共存

量子論の解釈をめぐる科学者たちの大論争

量子論的解釈によると，広がった電子の波では，どこででも電子が発見される可能性があり，どこで発見されるかは確率的にしか予測できないことになる。たとえば仮想的な小箱の中の電子は，右側にいる状態と左側にいる状態が共存しており，観測して左右どちらに発見されるかは，確率的にしか予想できないといえる。

この考え方に猛反発したのがアインシュタインである。アインシュタインは光子の存在を予言するなど，量子論の創始者の一人であったが，観測結果が確率的であるとするボーアの主張に対して，「神はサイコロ遊びをしない！」と批判し，大論争をくり広げるのである。

アルバート・アインシュタイン

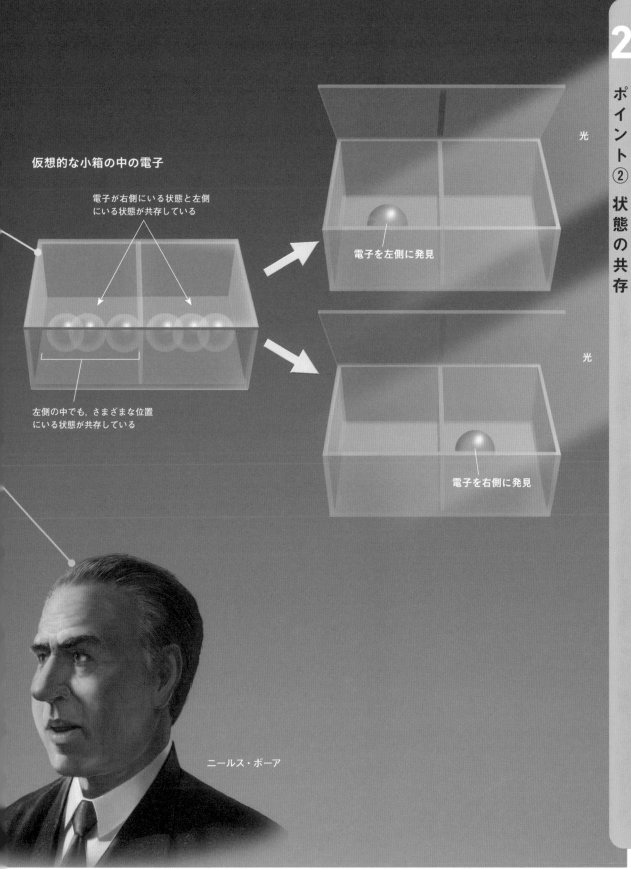

仮想的な小箱の中の電子

電子が右側にいる状態と左側
にいる状態が共存している

左側の中でも，さまざまな位置
にいる状態が共存している

光

電子を左側に発見

光

電子を右側に発見

ニールス・ボーア

有名な「シュレーディンガーのネコ」とは何か

STEP 1

量子論の解釈をめぐっては,「観測装置も原子からできているのだから,それによって波の収縮はおきるはずがない。波の収縮がおきるのは,測定結果を人間が脳の中で認識したときだ」と解釈する学者もあらわれるようになった。量子論の創始者の一人でもあるオーストリアの物理学者エルヴィン・シュレーディンガーは,「シュレーディンガーのネコ」とよばれる思考実験を用いてこの考えを批判した。

原子核の崩壊（ミクロな世界）

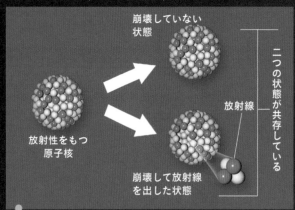

崩壊していない状態

放射性をもつ原子核

崩壊して放射線を出した状態

放射線

二つの状態が共存している

STEP 3

STEP1の解釈によれば,原子核が崩壊したかどうかは,観測者が箱の中のネコが生きているかどうかを確認するまで決まらないことになる。つまり観測者が箱の中をのぞくまでは,ネコは死んでいる状態と生きている状態が共存していることになってしまうのだ。この思考実験をもとに,シュレーディンガーは,半死半生のネコというばかげた存在をゆるすことになる,と強く批判したのである。

STEP 2

箱の中に1匹のネコと毒ガス発生装置が入っている。毒ガス発生装置は放射線の検出器と連動しており,検出器の前には放射性をもつ原子を少量だけ含む鉱石を置く。この原子の原子核がこわれて（崩壊して）放射線が検出されると,毒ガスが発生しネコは死んでしまう。原子核の崩壊も量子論にしたがう現象である。原子核がいつ崩壊するかは確率的にしかわからず,観測するまで原子核は崩壊した状態と崩壊していない状態が共存する。

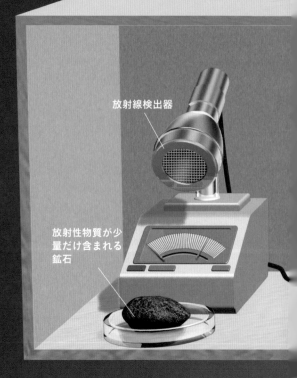

放射線検出器

放射性物質が少量だけ含まれる鉱石

観測者

窓を開けるまで，ネコが生きているか，
死んでいるかはわからない

窓を開けて中を観測するまで，ネコが生きている状態と
死んでいる状態とが共存している ??

生きているネコ

死んでいるネコ

検出器が放射線を感知すると，
ハンマーがビンを割る

毒ガスを発生させる液
体が入ったビン

ビンが割れると毒
ガスが発生

ポイント② 状態の共存

ミクロな世界では，何もかもがあいまい

STEP **1**

防波堤に打ち寄せる波の場合，防波堤のすき間が広いと，波はほぼ直進する。一方，防波堤のすき間がせまいと，波は防波堤の先で回折をおこし，広がって進む。これは波の一般的な性質であるため，電子の波でも同じことがおきる。

防波堤のすき間が広い場合

防波堤のすき間が広い

波の進行方向

海の波

防波堤

波はあまり広がらず，ほぼ直進する

防波堤のすき間がせまい場合

防波堤のすき間がせまい

波の進行方向

海の波

防波堤

波は大きく広がる

STEP **3**

つまり，電子の運動方向（正確には運動量）と，電子の位置を同時に正確に決めることは不可能なのである。これを「位置と運動量の不確定性関係」とよぶ。これは，「実際は決まっているが，人間には知ることができない」という意味ではなく，「多くの状態が共存していて，その後実際に人間がどの状態を観測によって発見するか決まっていない」ということを意味する。つまり電子一つをとってみても，未来の予言は不可能であるということだ。

STEP 2

スリットを通過する電子ではどうなるか。幅の広いスリットの場合，
電子の波がスリットを通過する瞬間，電子の波は広がりをもち，こ
の幅のどこで電子が発見されるかはわからない。つまり，電子の「位
置の不確かさ」は大きいことになる。そして，スリットを通過する
瞬間の電子はほぼまっすぐ右向きに運動しており，「運動方向の不
確かさ」は小さいことになる。一方，幅のせまいスリットの場合，
電子の波がスリットを通過する瞬間，電子の「位置の不確かさ」は
小さくなり，電子の波はスリットの後ろで大きく広がるため，電子
の「運動方向の不確かさ」が大きくなる。

スリット幅が広い場合の電子の波の回折   **スリット幅がせまい場合の電子の波の回折**

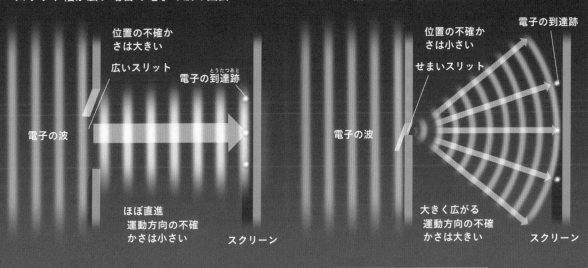

位置の不確か
さは大きい

広いスリット

電子の到達跡

電子の波

ほぼ直進
運動方向の不確
かさは小さい

スクリーン

位置の不確か
さは小さい

せまいスリット

電子の到達跡

電子の波

大きく広がる
運動方向の不確
かさは大きい

スクリーン

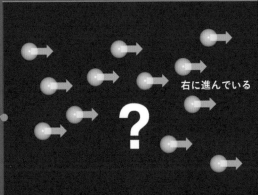

右に進んでいる

ここにある

電子がどこに存在するかわからない
（電子は同時に多くの場所にいる）

電子の運動方向がわからない
（電子はさまざまな方向に同時に運動している）

2 ポイント② 状態の共存

「量子もつれ」の
存在が証明された

STEP 1

アインシュタインは不確定性関係について，
「自然界があいまいなのではなく，量子論が
不完全で正しく記述できていないのだ」と考
え反発した。そして1935年，量子論の矛盾点
をつく論文を発表する。電子などの粒子は，
自転（スピン）することが知られており，自転
の向きも量子論にしたがい，同時に複数の状
態をとることができる。そこで，仮に宇宙の
どこかで，ある自転していない粒子から，自
転している二つの電子が生成されたと考える。

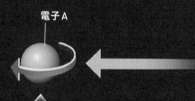

電子A

同じ場所から二つの電子が
正反対の向きに飛び出す

電子Aは左へ

右まわりと左まわ
りの共存した状態

どれだけ距離がはなれていようが，電子Bの観測と同時に，電子Aの自転の向きも確定する

量子論によると，何らかの相互作用を行った二つの粒子（ここでは電子）が，その後
どんなに遠くにはなれようとも，一方の状態が決まれば，もう一方の状態も確定する
という場合がある

STEP 2

二つの電子は，同じ場所から正反対の方向に向かって飛んでいくとする。このとき，観測しない段階では，どちらの電子も右まわりの自転をする状態と，左まわりの自転をする状態が共存した状態にある。ただしどのような状態であっても，二つの電子の自転の向きは必ず逆方向になるような状況を考えるとする※。ここで電子Bを観測し，自転方向が確定したとする。すると，どんなに二つの電子の距離がはなれていようが，その瞬間，電子Aの自転は電子Bと真逆に確定することになる。

電子B

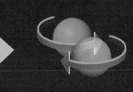

電子Bは右へ

右まわりと左まわり
の共存した状態

電子Bの観測によって，電子
Bの自転の向きが確定する

STEP 3

この場合，観測していないのに電子Aの自転の向きが決まることになる。そしてその自転の向きは，電子Bに対する自転の向きの観測結果によって変わるのだ。量子論によれば，観測するまで自転の向きは一つに決まらないため，電子Bから電子Aに影響が伝わったようにもみえる。しかし，十分にはなれたものに時間差なしで「瞬時」に影響が伝わるなどありえないとアインシュタインは主張した。ところが実際にこの現象が存在することが実験的に証明されたのである。この現象を「量子もつれ」とよぶ。

※：二つの電子に分解する前の粒子に自転がない場合におこる。

量子論は,真空の真の姿を明らかにした

STEP 1

自然界にはさまざまな量（物理量）の間に，不確定性関係が存在する。自然界はミクロな視点でみれば，不確定であいまいなのである。「エネルギーと時間」の間にも不確定性関係がある。真空とは物質がいっさい存在しない，空っぽの空間（無の空間）のことだ。しかし，真空であっても，物質が生まれたり消えたりしていると考えられるのである。

真空

真空の一部を拡大

真空のある瞬間

不確定性関係によると，真空でさえエネルギーが完全にゼロの状態はありえない。完全にゼロだとエネルギーが確定してしまい，不確定性関係に反するからである。この真空のある領域を拡大してミクロな世界を観察すると，ごく短い時間でみたとき，場所ごとの真空のエネルギー分布は不確定でゆらいでいることになる。相対性理論によると，エネルギーから質量をもった物質をつくり出すことができる。つまり，ある領域が非常に高いエネルギーをもち，そのエネルギーを使って電子などの素粒子※が生まれてくる可能性があるのだ。

面の高低がエネルギーの高低をあらわし，このエネルギー分布がたえず波打ちながら変動している

非常に高いエネルギーをもつ領域

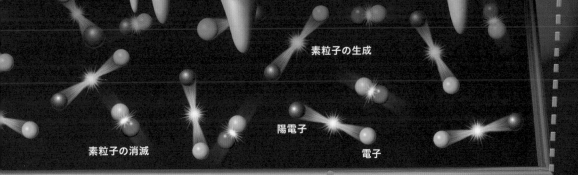

素粒子の生成

陽電子

電子

素粒子の消滅

たとえば，電子が真空から生まれるとき，電子にそっくりでプラスの電気をもつ「陽電子」という素粒子が必ずペアで生まれる。そしてすぐに消滅し，元の何もない状態にもどる。エネルギーの不確定性は「ごく短い時間」という条件つきであり，長い時間では不確定性はなくなるからである。真空では，真空のもつエネルギーのゆらぎによって，素粒子があちらこちらで生まれては消えているのだ。これが量子論が明らかにした真空の姿なのである。

※：それ以上分割することができない，物質の最小単位と考えられているもので，電子や陽電子，光子なども素粒子の一つである。

電子が壁をすり抜ける?
トンネル効果

壁やガラスを透過する電磁波

スマートフォン
の電波

ガラス

壁

可視光

光がガラス窓から差しこん
だり, 室内でもスマート
フォンの電波が届いたりす
る※のは, 電磁波に障害物
を透過する性質があるため
である。どれだけ透過する
かは, 電波の波長や壁の材
質などによってことなる。

原子の壁

電子は"壁"にはねかえされる?

電子

反発力ではねかえる
電子

電子にとって
の壁

"壁"をすり抜ける電子

電子の波

電子

トンネル効果

※：電波が室内に届くのは電波が回折をおこしやすいからでもある。わずかなすき間から入りこみ，部屋の広範囲に広がっていくのである。

STEP 2

電子も波の性質をもつので，同じように
"壁"を，すり抜けることができる。これ
を「トンネル効果」とよぶ。たとえば，速
度が遅い電子は「原子の壁」があるとはね
かえされてしまうはずである。しかし実際
は，電子がトンネル効果によってこの壁を
すり抜けてしまうことがあるのだ。

トンネル効果

普通のボールなら，この間を
行ったり来たり……

電子は山をすり抜ける

A   B

電子

壁をすり抜けた電子

STEP 3

電子のトンネル効果は，エネルギーの不確定性関係から考
えることもできる。たとえばこのような山の斜面を考えよ
う。本来，A地点にあったボールは同じ高さのB地点より
上に行くことは不可能だから，山をこえることはありえな
い。B地点より上に行くには，A地点でボールがもってい
たよりも多くのエネルギーが必要になる。しかし，エネル
ギーの不確定性関係によると，電子はごく短時間であれば，
山をこえるだけのエネルギーを得ることが可能となる。こ
れを外部から見ると，「電子がいつのまにか山をすり抜け
て反対側に移動していた」と見えるのである。

トンネル効果で原子崩壊がおきる

2 ポイント② 状態の共存

STEP 1

アメリカの物理学者ジョージ・ガモフらは，1928年に原子核の「アルファ崩壊」がなぜおきるかを，トンネル効果を使って説明することに成功した。アルファ崩壊とは，ウランなどの放射性をもつ原子の原子核が，「アルファ粒子」（放射線の一種）を放出する現象である。

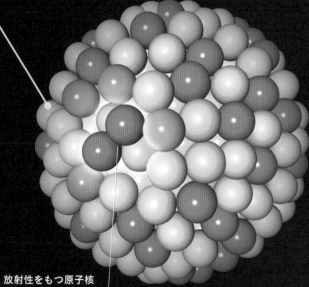

放射性をもつ原子核

原子核の中でもアルファ粒子の形でまとまっている

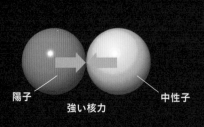

陽子 　　強い核力 　　中性子

陽子

アルファ粒子

中性子

エネルギーの山をすり抜ける
アルファ粒子

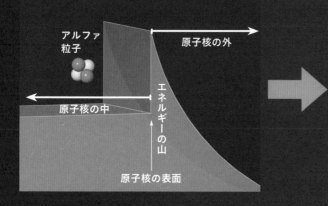

アルファ
粒子

原子核の外

原子核の中

エネルギーの山

原子核の表面

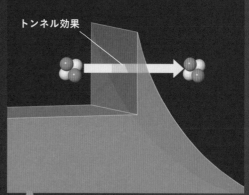

トンネル効果

原子核の中のアルファ粒子は，強い核力によって原子核につなぎとめられているので，普通に考えれば原子核から飛び出ることはありえない。アルファ粒子は，強い核力がつくる「エネルギーの山」に囲まれたくぼ地にいるようなものである。しかし，アルファ粒子はトンネル効果をおこし，このエネルギーの壁をすり抜けて原子核の外に飛び出すことがあるのだ。そうなると強い核力はおよばなくなり，原子核のもつプラスの電気とアルファ粒子のプラスの電気が反発し，アルファ粒子はものすごい勢いで外に飛び出す。これがアルファ崩壊である。

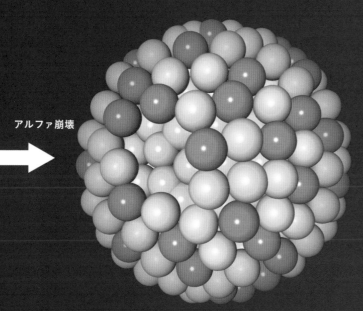

アルファ崩壊

アルファ粒子の分だけ
軽くなった原子核

STEP 2

アルファ粒子は，陽子二つと中性子二つからなる。アルファ粒子が多数放射されると，「アルファ線」とよばれる放射線になる。アルファ粒子は安定でまとまりが強く，原子核の中でも陽子二つと中性子二つがアルファ粒子のまとまりをつくって存在している。原子核の中の粒子は，原子核の中だけではたらく「強い核力（強い力）」とよばれる力で結びついているため，プラスの電気をもつ陽子どうしの反発力があっても，原子核は一つのかたまりを保つことができる。

2 ポイント② 状態の共存
Q&A

Q／ 電子の波は，普通の波と何がちがうのか？

A／ 通常，波にはそれを伝える「媒質」をともなう。海の波の媒質は水であり，音波の媒質は空気である。媒質の振動が周囲に広がっていくのが，私たちが日常目にしている普通の波である。

しかし，電子の波は何らかの媒質が振動しているわけではない。たとえば電子が多数集まって，その集団が振動して波打つわけではない。また，一つの電子が波打ちながら進むというわけでもない。電子の波は何らかの媒質が振動しているわけではないのである。

34ページにあるように，量子論の標準的な解釈によると，電子の波とは，電子の発見確率をあらわしている。正確にいうと，電子の波（波動関数）の値の絶対値の2乗が，発見確率に比例する。この「確率解釈」を1926年にはじめて提案したのはドイツ・イギリスの物理学者マックス・ボルンである。

まったく同じ状態の電子を多数使って，電子の位置の観測を何回もくりかえすと，電子がどの位置にどのくらいの確率で発見されるかがわかってくる。それを「電子の（各位置での）発見確率」とよぶ。電子の波が（横軸からはなれている）高い場所ほど電子の発見確率が高く，横軸と交わっている場所は発見確率がゼロになる。ここで一つ注意したいのは，谷の底でも山の頂点と同じく発見確率が最も高くなるということである。山か谷かではなく，高さ0の線からの長さで発見確率が決まるのである。

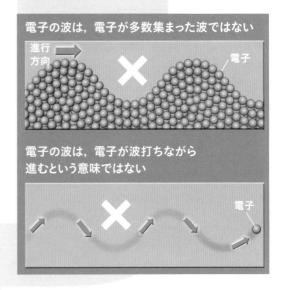

電子の波は，電子が多数集まった波ではない

進行方向 → ✕ 電子

電子の波は，電子が波打ちながら進むという意味ではない

✕ 電子

Q／ 観測すると電子の波は1点にちぢむ，とはどういう意味か？

A／ 量子論の標準的な解釈では，電子を観測するとき，次のようなことがおきると考える。観測する前は，電子は空間的に広がった波として存在している。しかし，観測した瞬間，広がっていた波はどこか1点にちぢみ（波の収縮／状態の収縮），電子は粒子としての姿をあらわす。

観測前は，どこに電子が出現するかは，確率的にしかわからない。広がった電子の波を「無数の針状の波の集まり」として考えよう。電子がA点（を含む針の領域中）に存在している状態，B点に存在している状態，C点に存在している状態，……というように，無数の状態が共存しているのが電子の波といえるわけだ。そして，各領域の波の高さに応じて「領域Aに○％，領域Bに○％の確率で出現する」といった

50

予測ができるのみで，確実な予測は原理的にできないといえる。

そして観測を行ったあと，ふたたび電子は波として周囲に広がっていく。このような「確率解釈」と「波の収縮」を合わせた考え方を「コペンハーゲン解釈」とよぶ。この考えを支持していたボーアらがコペンハーゲンで活躍していたことに由来する。

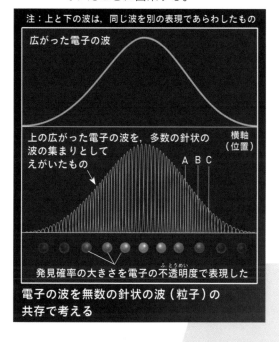

注：上と下の波は，同じ波を別の表現であらわしたもの

広がった電子の波

横軸（位置）

上の広がった電子の波を，多数の針状の波の集まりとしてえがいたもの

A B C

発見確率の大きさを電子の不透明度で表現した

電子の波を無数の針状の波（粒子）の共存で考える

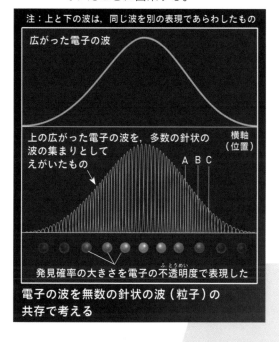

Q なぜ波の収縮がおきるのか。

A 通常，スクリーンのような観測装置は，電子と比較にならないくらい大きなサイズの物体（マクロな物体）である。「電子の波は，マクロな物体と相互作用すると収縮をおこす」と考えることもできる。マクロな物体は電子のように干渉といった量子論的な効果をおこさない。波の性質を示さないマクロな物体と触れ合うことで，電子の波の性質が失われる，と考えられるわけだ。ただし，「なぜマクロな物体と相互作用すると電子の波が収縮するのか」「収縮前の波のほかの成分はどこに消えたのか」などについては，専門家の間でも意見は一致していない。

量子論は一つの電子のふるまいについては確率的にしか予測できないが，膨大な数の集団の統計的な性質に対しては正確な予測ができる。たとえばサイコロの場合に，1万回も振れば偶数が出る割合が50％であることを正確に予測できることと同じことだ。つまり，量子論は電子や原子などの集団をあつかう分には非常に正確で実用的な予測ができるのである。そのため，多くの科学者が実用上便利な手法として，コペンハーゲン解釈を採用しているのである。

なお，38ページのシュレーディンガーのネコの思考実験に対して，「マクロな物体である放射線検出器が放射線を検出した段階で，原子核の波の収縮がおき，原子核の共存状態はくずれる」という主張がある。この場合，半死半生のネコは存在しないことになる。しかし，「収縮がおきる理由は何か」といった問題を解決することにはならない。

Q 電子の二重スリット実験において，スリットに電子の観測装置を置くとどうなるか？

A 電子を使った二重スリット実験では，33ページのようにスクリーンに干渉縞がみられた。一つの電子は電子銃から発射されたあと，波となってスリットAとスリットBの両方を通過していると量子論では考える。

では，電子がどちらのスリットを通っているかを確認しながら同じ実験を行ったらどうなるだろうか。つまり，52ページのイラストのように，スリットAとスリットBのそばに，電子が通過したことを検出するような観測装置をつけるのだ。おどろくことに，この実験の場合，スクリーンに干渉縞はあらわれないのである！

仮にスリットBのそばの観測装置で電子が検出されると，電子の波は観測

によって収縮し，粒子の姿をあらわす。スリット板の直前まで電子の波は広がっていた。それが観測によって収縮したのだから，スリットAを通過するはずだった電子の波は消え失せ，電子はスリットBだけを通過したことになる。干渉には，スリットAを通った波とスリットBを通った波の両方が必要であるから，この場合に干渉はおきないのだ。

つまり，電子がどちらのスリットを通ったかを確かめると，その行為自体（観測）によって電子の波は収縮し，電子はスリットのどちらか一方しか通らないことになる。その結果，干渉縞はあらわれなくなるのだ。逆にいえば，干渉縞があらわれるということは，スリット板の先で，電子がスリットAを通った状態と，スリットBを通った状態が共存していることを意味している。これは光子で同様の実験を行っても，同じ結果になることがわかっている。

Q / 不確定性関係をあらわす式とは？

$$\Delta x \times \Delta p \geqq \frac{h}{4\pi}$$

A

上の式は，不確定性関係を示す式である。Δxは位置の不確定さの幅，Δpは運動量の不確定さの幅で，hは定数である。この式をみるとわかるように，位置の不確かさを小さくすると，不等号をなりたたせるために運動量の不確かさが大きくなる。逆に，運動量の不確かさを小さくすると，不等号をなりたたせるために位置の不確かさが大きくなることもわかる（40ページSTEP3）。ただし，hの値は非常に小さい（$h = 6.62 \times 10^{-34}$ J・s）ので，マクロな物体ではΔxもΔpも目立ってこないのである。しかしミクロな物質ではこのΔxやΔpが無視できなくなるのである。

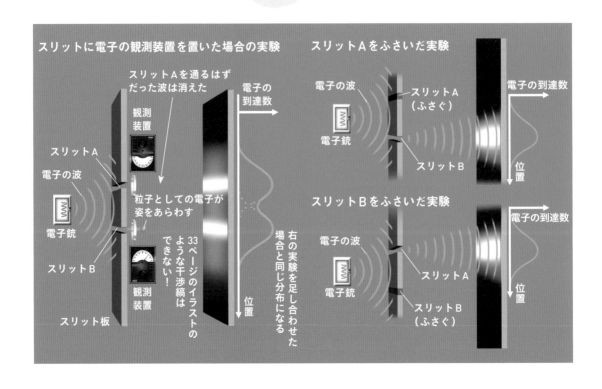

スリットに電子の観測装置を置いた場合の実験

スリットAを通るはずだった波は消えた

電子の到達数

観測装置

スリットA

電子の波

電子銃

粒子としての電子が姿をあらわす

33ページのイラストのような干渉縞はできない！

スリットB

観測装置

スリット板

位置

右の実験を足し合わせた場合と同じ分布になる

スリットAをふさいだ実験

電子の波

電子銃

スリットA（ふさぐ）

スリットB

電子の到達数

位置

スリットBをふさいだ実験

電子の波

電子銃

スリットA

スリットB（ふさぐ）

電子の到達数

位置

Q/ アインシュタインはなぜ不確定性関係を批判したのか？

A/ 不確定性関係が示す「自然界のあいまいさ」に反発したアインシュタインは，42ページの思考実験を通して，遠くはなれた二つの粒子の一方を観測すると，両方の状態が瞬時に決まる奇妙な現象を「不気味な遠隔作用」とよび，批判したのである。特殊相対性理論によると，光よりも速いものは存在しないことになる。そのため，もし「瞬時」に影響が伝わらないとすれば，二つの電子が分かれた時点で，電子の自転方向は決まっていたことになり，量子論の主張とはことなることになる，とアインシュタインは考えたのである。これが「量子論は不完全だ」という主張の根拠であった。

アインシュタインは，1935年，共同研究者のボリス・ポドルスキーとネーザン・ローゼンとともに，この量子論の矛盾点を指摘した論文を発表する。この主張は，3人の名前の頭文字をとって「EPRパラドックス」とよばれている。この論文後も，アインシュタインはコペンハーゲン解釈に批判的な態度をとりつづけ，幾度となくボーアらと論戦をくり広げた。ただし，アインシュタインは量子論の発展にも大きく貢献しており，量子論の有用性については認めていた。あくまでも量子論は不完全であり，もっと完全な理論があるはずだ，と考えたのである。

そして1970年代から80年代にかけて，アインシュタインが不気味な遠隔作用とみなした不思議な連動現象が，実際に存在することが実験的に証明されることになる。またそれは，瞬時に影響が遠方に伝わっているのではなく，二つの電子の状態がセットで決まっており（「もつれて」おり），個別には決められないからであることもわかった。この現象は「量子もつれ」，あるいは「量子からみ合い」，「量子エンタングルメント」などとよばれ，量子コンピューターや量子情報理論の発展につながっていくのである。

Q/ トンネル効果によって，人間が壁を透過することは可能か？

A/ トンネル効果がおきるのは電子だけにかぎらない。であれば，素粒子で構成されている人間の体もトンネル効果をおこし，壁を透過することが可能になるだろうか？　人間の体が壁をすり抜ける確率は完全にゼロではない。しかし，トンネル効果は質量が大きいほどおきにくくなるので，その確率はほとんどゼロといえる。宇宙が誕生してから今までの約140億年間かけて挑戦してみても，大きな質量をもつ人間が壁を透過することはまずありえないのである。

太陽はトンネル効果で輝いている

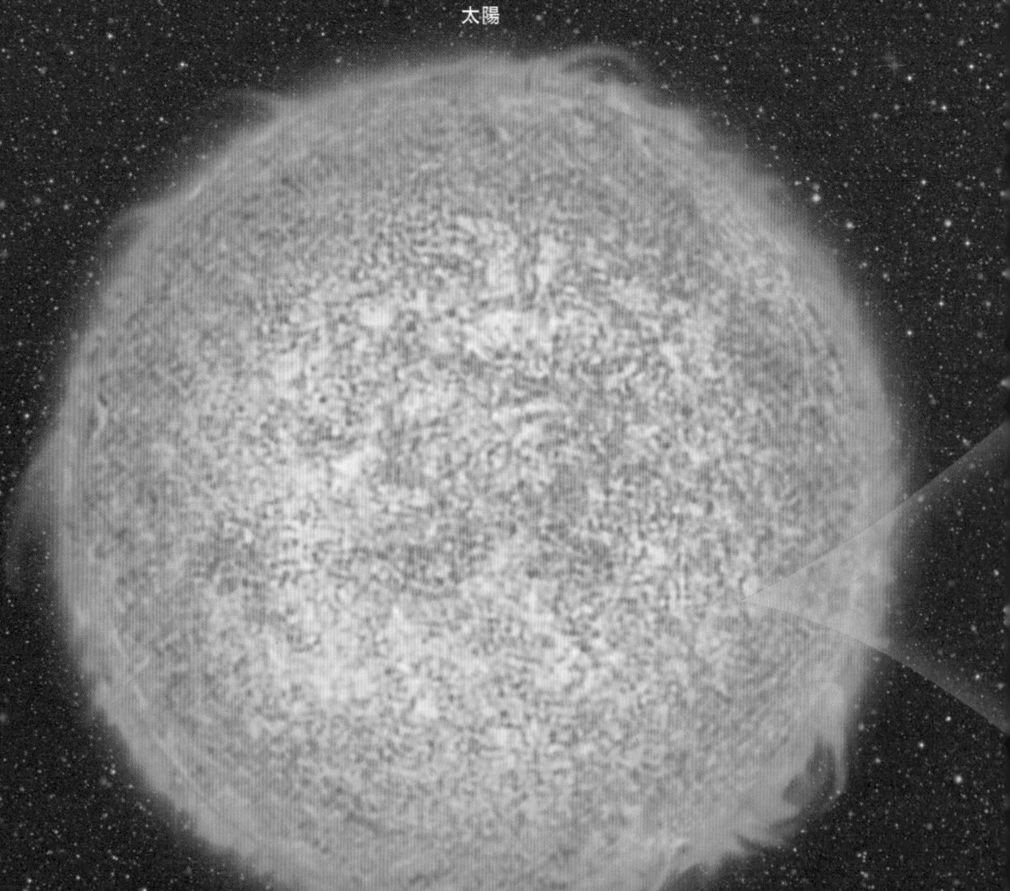

太陽

STEP 1

トンネル効果を実感できる身近な例が太陽だ。太陽の中では，水素の原子核である陽子どうしが衝突合体して，「核融合反応」がおきている。太陽が輝いているのは，この核融合反応で，膨大なエネルギーが発生するためである。このエネルギーがないと，私たち生命は生きていくことができない。

古典物理学だけにもとづいて計算すると，太陽の中では核融合がおきないことになってしまう。なぜなら，プラスの電荷をおびた陽子どうしはたがいに反発し，核融合がおきる距離（きょり）まで近づくことができないためだ。静電気力などによるエネルギーが運動エネルギーの低い陽子の接近をはばむことを「エネルギー障壁（しょうへき）」とよぶ。古典物理学によると，核融合がおきるには100億℃程度の熱エネルギーが必要ということになるが，実際の太陽の中心部の温度は1600万℃程度しかないのである。

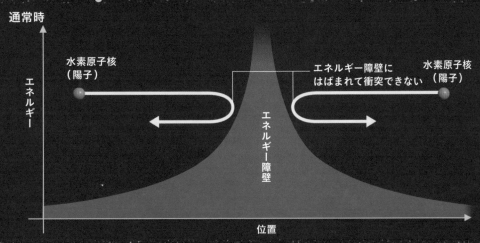

通常時

エネルギー

水素原子核（陽子）

エネルギー障壁にはばまれて衝突できない

水素原子核（陽子）

エネルギー障壁

位置

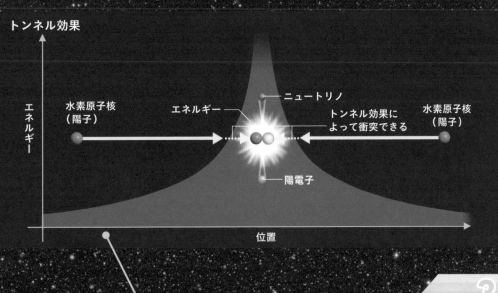

トンネル効果

エネルギー

水素原子核（陽子）

エネルギー

ニュートリノ

トンネル効果によって衝突できる

水素原子核（陽子）

陽電子

位置

ここでポイントとなるのがトンネル効果だ。これまでみてきたように，トンネル効果によって，運動エネルギーの低い粒子でも，一定の確率でエネルギー障壁を透過（とうか）することができる。太陽の場合，トンネル効果によって陽子がエネルギー障壁をすり抜（ぬ）け，核融合をおこしているのである。私たち生命が生きていられるのは，ある意味，量子論効果のおかげだといえる。

化学反応のしくみも 量子論が解明

STEP 1

化学反応がなぜおきるのかも，量子論を使って理論的に説明ができる。化学反応とは，原子と原子がくっついたり，はなれたりすることである。たとえば二つの水素原子はくっついて水素分子をつくるが，量子論誕生以前は，電気的に中性な原子どうしでなぜこの反応がおきるのかは不明だった。しかし，量子論による理論計算によって，水素分子がなぜ安定的に存在できるのかが明らかにされたのだ。

水素原子（1s軌道）
→ 電子は1個

水素原子（1s軌道）
→ 電子は1個

原子核●

水素原子どうしを
近づけると……

電子の雲
（青色の点の分布で空間的な
広がりを表現）

分子軌道が
形成される

水素原子では，電子はいちばんエネルギーの低い球の雲のような形状の「1s軌道」にいる（基底状態）。量子論にもとづいた計算によると，接近した二つの水素原子の1s軌道は，合体することで新たな形の水素分子の軌道をつくる。分子軌道には，安定な「結合性分子軌道」と，不安定な「反結合性分子軌道」がある。一つの分子軌道には二つの電子が入れるので，通常は結合性分子軌道のほうに二つの電子が入る。

安定な水素分子
（結合性分子軌道）
→ 電子は2個

原子核の間は，
電子の雲が濃い

原子核　原子核

結合性分子軌道の原子核付近

電気的な引力　　　　　　電気的な引力

＋ → － ← ＋

原子核
（正の電荷）　　　　　　原子核
（正の電荷）

電子の雲の濃い領域（負の電荷）

不安定な水素分子（反結合性分子軌道）
→ 通常は電子がこの軌道に入ることはない

結合性分子軌道の中央付近，つまり原子核どうしの間は電子の雲の濃度が高くなっている。原子核は正，電子は負の電荷をおびているので，原子核と電子の雲の濃い領域との間には電気的な引力がはたらき，原子核がその領域に引っぱられることになる。これが水素原子どうしを結合させ，水素分子をつくる力の正体である。

生活に欠かせない家電を支える半導体

STEP 1

量子論は「金属」や「絶縁体」，「半導体」といったさまざまな固体の性質も明らかにした。半導体は金属と絶縁体の中間にあたる物質で，電気をわずかに通す。この半導体はパソコンやスマートフォンなどさまざまな家電製品になくてはならない存在だ。マクロな物質を多数の原子の集団としてとらえ，量子論にもとづいてその性質を解き明かす「物性物理学」によって発展してきたのである。

カメラなどの撮像素子「CCD」

トランジスタ

単独の原子の場合，原子中の電子がとりえる軌道は複数ある。縦軸にエネルギーをとると，それぞれの軌道のエネルギーの値（エネルギー準位）は不連続な"線"としてあらわせる。次に原子二つが分子を形成した場合，電子のとりえるエネルギーは二つに分裂する。原子がさらに集まった固体の場合，電子のとりえるエネルギーは重なり合って「バンド」になる。固体の場合もエネルギーの低いほうのバンドから順番に電子が埋まっていく。バンドの間の部分は「バンドギャップ」とよび，電子はこの部分のエネルギーをもつことはできない。

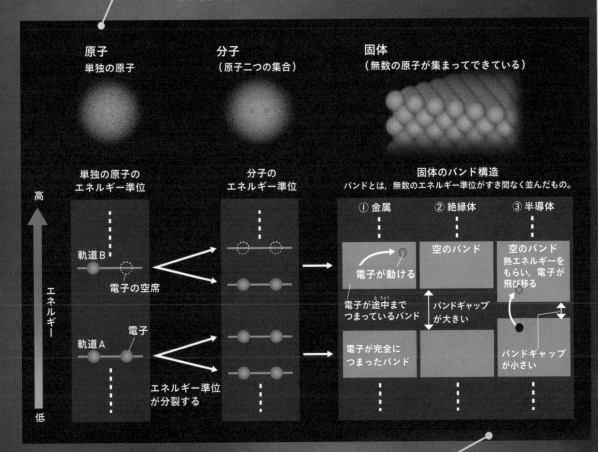

原子
単独の原子

分子
（原子二つの集合）

固体
（無数の原子が集まってできている）

単独の原子の
エネルギー準位

分子の
エネルギー準位

固体のバンド構造
バンドとは，無数のエネルギー準位がすき間なく並んだもの。

高

エネルギー

低

軌道B

電子の空席

軌道A

電子

エネルギー準位
が分裂する

① 金属
② 絶縁体
③ 半導体

電子が動ける

電子が途中まで
つまっているバンド

電子が完全に
つまったバンド

空のバンド

バンドギャップ
が大きい

空のバンド
熱エネルギーを
もらい，電子が
飛び移る

バンドギャップ
が小さい

あるバンドに入れる電子の数は有限で，満員になると電子は基本的に移動できない。そのため，「満員のバンド」と「空のバンド」しかもたない物質は絶縁体になる。一方，金属には満員でないバンドが存在し，そのバンド内の電子は動きまわれるため電気を通す。半導体も通常は満員のバンドと空のバンドだけをもつ。しかし，半導体はバンドギャップが小さいため，電子がさらに上の空のバンドに"ジャンプ"して入りこみ，電流が流れることがあるのだ。この性質を利用して，半導体から電子回路を制御するさまざまな素子がつくられているのである。

3 身近な量子論のせかい

レーザー技術も 量子論のたまもの

STEP 1

レーザーポインター，DVDやブルーレイの読み書き，精密加工や手術など，レーザーは現代社会で幅広く応用されている。家庭や病院，工場などその活躍の場は幅広い。このレーザーも量子論を応用した技術である。

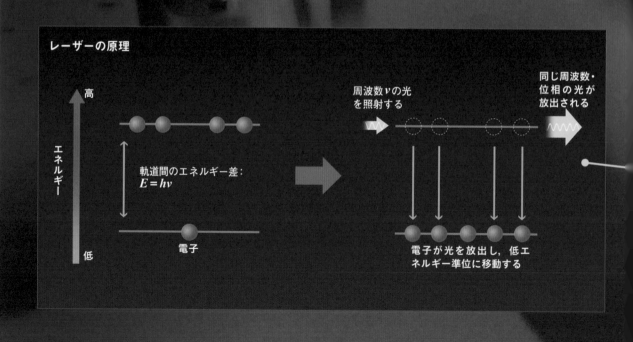

レーザーの原理

エネルギー 高 / 低

軌道間のエネルギー差：
$E = h\nu$

電子

周波数νの光を照射する

電子が光を放出し，低エネルギー準位に移動する

同じ周波数・位相の光が放出される

STEP 2

通常，高いエネルギー準位にある電子は，光を放出して低い準位へ移動する。しかし，条件によってはこの移動がおきにくくなり，電子を高いエネルギー準位にためることができる（左）。そこに準位間のエネルギー差に相当する周波数 ν の光を照射すると，電子がエネルギー準位の低い軌道（きどう）へと移動し，同時に照射された光と同じ周波数の光を放出する（右）。この現象を利用することで，電子を連鎖（れんさ）反応的に移動させ，単色で位相（波の振動（しんどう）のタイミング）のそろったレーザー光をつくることができるのだ。

3 身近な量子論のせかい

最新のリニアモーターカーを支える量子論

STEP 1

極低温の世界であらわれる量子論の効果に「超伝導」がある。超伝導物質にはさまざまな用途があり，その一つが超伝導リニア※である。超伝導リニアの推進には，車両の超伝導電磁石と，電磁石となったガイドウェイの推進コイルとの間にはたらく引力や反発力を利用する。推進時は，推進コイルに流す交流電流の周波数をタイミングよく切りかえることで加速する。浮上のしくみは，車両の超伝導電磁石がガイドウェイの浮上・案内コイルの横を高速で通ることで，電磁誘導によって浮上・案内コイルに電流が流れ，電磁石になることを利用する。

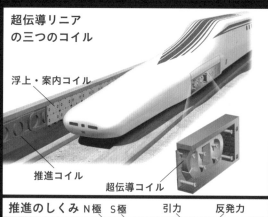

超伝導リニア
の三つのコイル

浮上・案内コイル

推進コイル

超伝導コイル

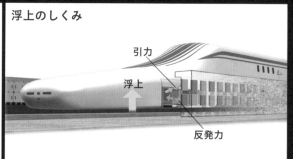

浮上のしくみ

引力

浮上

反発力

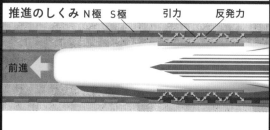

推進のしくみ　N極　S極　引力　反発力

前進

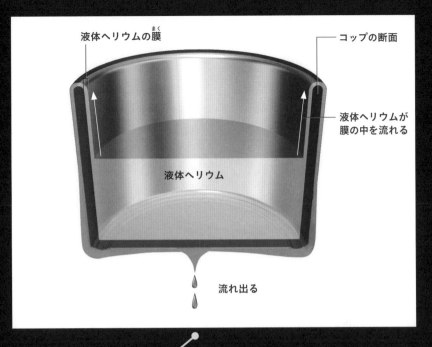

液体ヘリウムの膜

コップの断面

液体ヘリウムが
膜の中を流れる

液体ヘリウム

流れ出る

STEP 2

常温で気体のヘリウムは－269℃近くまで冷やすと液体になり，－271℃になると摩擦や粘性がゼロという，特殊な性質になる。このような現象を「超流動」とよぶ。ヘリウムを極低温状態にすると，量子論的な波が同調して一つの波のようにふるまう。その結果，ヘリウム原子全体が同調して流れるため，原子どうしの衝突などによる摩擦がなくなり超流動がおきる。そのため，「超流動状態の液体ヘリウムをコップに入れると，液体ヘリウムがコップの壁を自然とのぼって外に流れ出る」という不思議な現象がおこる。

STEP 3

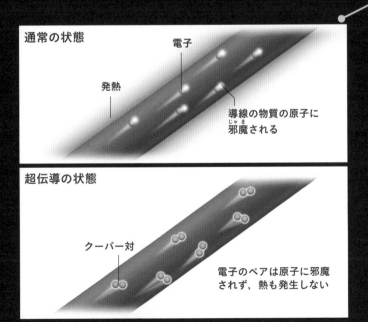

通常の状態

電子

発熱

導線の物質の原子に
邪魔される

超伝導の状態

クーパー対

電子のペアは原子に邪魔
されず，熱も発生しない

超伝導とは，物質の電気抵抗が極低温でゼロになる現象である。通常の状態では，電子が導線の中を流れると，導線をつくる物質の原子と衝突する。これが電気抵抗だ。一方，超伝導物質を低温状態にすると，2個の電子がクーパー対とよばれるペアを形成する。このクーパー対がまるで一つの波のようにふるまうことで，電気抵抗がゼロになるのである。つまり超伝導とは，イメージとしてはクーパー対の超流動のようなものだといえる。この超伝導物質を導線に用いると，巨大な電流を抵抗なく流せるため，強い電磁石をつくることができる。それによって，超伝導リニアは，強力な推進力と浮上のしくみを実現したのである。

※：JR東海は正式表記を「超電導」としており，パンフレットやウェブサイトなどでも「超電導」と表記している。

3 身近な量子論のせかい

渡り鳥（わた）も量子論に
助けられている？

渡り鳥やウミガメなど，何千キロメートルも旅をする生物の中には，地磁気を感じる能力をもつものがいる。地磁気を感じ取って方向を知ることで，目的地に迷わずたどりつくことができるのだ。ある種の渡り鳥は，地磁気を感じるために量子論特有の効果である「スピン」を利用している可能性があるという。

STEP 2

渡り鳥の一種である「ヨーロッパコマドリ」の網膜にある「クリプトクロム」というタンパク質は，青い光を受けると「量子もつれ」状態にある電子のペアをつくり出す。電子はスピンとよばれる性質をもっている。また電子がペアになると，全体としてスピンが打ち消し合うこともあれば，強め合うこともある。このペアの「スピン」の状態は地磁気の影響を受けることが知られており，たとえばクリプトクロムが地磁気と90°の角度をなす場合には，スピンが強め合うペアが多くなることが知られている。このちがいにより，ヨーロッパコマドリは地磁気の向きを感知しているのではないかと考えられている※。

コマドリの「地磁気センサー」のしくみ

ヨーロッパコマドリ

青い光

クリプトクロム
青い光を吸収する色素

S　スピンが打ち消し合っている　N

スピンの向き　　量子もつれ

電子

クリプトクロムが地磁気と90°をなす場合，スピンが強め合う電子ペアのほうが多くなる

スピンが強め合っている

地磁気の向き

※：この機構はまだ実証されたわけではなく，量子論を用いなくとも磁場を感じる能力を説明できるという考えもある。

3 身近な量子論のせかい

光合成にも量子論が影響していた

葉

植物細胞

葉緑体

光

STEP 1

緑色の植物やバクテリアは，光のエネルギーを使って二酸化炭素や水から糖や酸素などを合成する「光合成」を行っている。光合成をになうのは，植物細胞の中にある「葉緑体」とよばれる小器官だ。この「光合成のエネルギー伝達機構」でも量子論の効果があらわれていると考えられている。

光がクロロフィルに当たり，「励起子」ができる

クロロフィル

励起子が複数の
クロロフィルに伝わる

STEP 2

葉緑体の中で最初に光（光子）を吸収するのは，「クロロフィル」とよばれる分子である。クロロフィルが光子を吸収すると，分子のもつ電子がエネルギーの高い「励起子」とよばれる状態になる。励起子は周囲のクロロフィルに次々と伝わり※，最終的には「反応中心」とよばれるタンパク質内の特殊なクロロフィルへと運ばれる。そこで励起子が運んできたエネルギーが化学反応に使われ，次の反応へと進んでいく。

STEP 3

光子のエネルギーは，ほぼ100％が反応中心まで運ばれる。しかし，クロロフィルが大量に存在する細胞内で，励起子を反応中心に運ぶルートがどのように選ばれるのかは不明だった。2007年，励起子が波動関数で記述できるという実験結果が発表された。つまり，励起子は量子論的な波としていくつものクロロフィルを同時に経由しながら，効率よく反応中心に運ばれるのではないかというのである。ただしこの実験は低温下で行われたもので，室温の光合成には量子論効果はほとんど寄与できないといった反論もある。

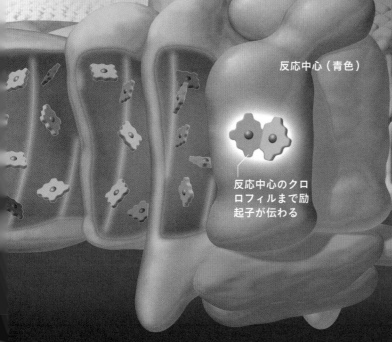

反応中心（青色）

反応中心のクロロフィルまで励起子が伝わる

※：実際には，励起された電子のエネルギーが次々とクロロフィル間を伝わり，連鎖的に電子を励起させていく。これを量子論では，エネルギーをもった「励起子」という仮想的な粒子が流れていくと考える。

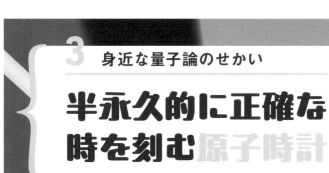

半永久的に正確な時を刻む原子時計

ほかの周波数（波長）の
光子は放出されない

光子のエネルギーと周波数の
関係をあらわす式

$$E = h\nu$$

エネルギー　　プランク　周波数
　　　　　　　定数

プランク定数は約 6.62×10^{-34}（J・s）

エネルギー E に応じた
周波数（波長）の光子を
放出して，エネルギー準
位が低い軌道に移動する

原子核
かく

電子　　エネルギー E
を受け取って高
いエネルギー準
位の軌道に移る

68

セシウム133原子

マイクロ波

励起された
セシウム133原子

91億9263万1770
ヘルツの周波数を
もつマイクロ波

原子時計

STEP 1

光子のエネルギーは，周波数に比例する。そのため，電子がある軌道から別の軌道へ移動する際に吸収・放出される光子は，軌道間のエネルギー差に相当する周波数で振動する。軌道間のエネルギー差は原子によってことなるので，各原子は特徴的な周波数の光子を放出する。この現象を応用したのが，正確に時を刻む「原子時計」である。

STEP 2

原子時計は原子が放出する光の周波数を基準とする。たとえば「セシウム原子時計」では，セシウム133という原子からある条件のもとで放出される電波が9,192,631,770回振動するのにかかる時間をはかり，その時間を「1秒」とする。原子時計は，ほかのしくみの時計を圧倒する精度をもち，たとえば最高精度のセシウム原子時計の誤差は1000兆分の1程度しかない。これは3000万年に1秒程度しかずれないことを意味する。そのため，セシウム原子時計がはかる「1秒」は，時間の国際的な定義に用いられている。

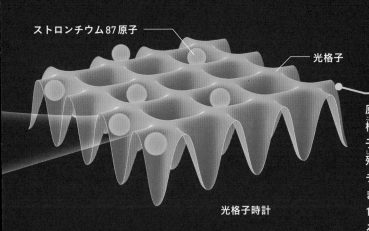

ストロンチウム87原子

光格子

光格子時計

STEP 3

原子時計の技術はさらに進化している。「光格子時計」は，ストロンチウム87という原子を使った原子時計だ。光格子とよばれる特殊な構造によって，100万個程度のストロンチウム原子から放出される光を同時に測定できる。その周波数を平均することで，誤差が100京分の1という超高精度を実現している。これは，宇宙のはじまりから現在まで時間をはかりつづけても，1秒もずれないというおどろくべき精度である。

3 身近な量子論のせかい

{ 自然界の力のしくみ } の説明に成功した

STEP 1

自然界には四つの力が存在し，それぞれことなる「力を伝える粒子」によって引きおこされる。量子論は，このうちの「重力」をのぞく三つの力の説明に成功しているのである。一つ目は，「電磁気力」である。電磁気力は「静電気をおびた下敷きが髪を引きつけるように，電気や磁気をもつものが相手を引きつけたり遠ざけたりする力」である。この電磁気力を伝える素粒子は，光子である。

STEP 2

二つ目は，ベータ崩壊とよばれる現象などを引きおこす「弱い核力（力）」である。「何かをこわす」という作用も物理学では力の一種とみなされるのだ。ベータ崩壊とは，原子核の中にある一つの中性子が，陽子と電子とニュートリノという素粒子にこわれる現象をさす。このとき発生する電子の集団の流れを「ベータ線」とよぶ。弱い力を伝える素粒子は「ウィークボソン（W粒子）」とよばれる。

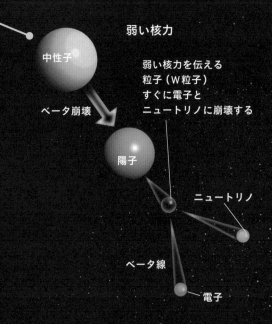

弱い核力

中性子

ベータ崩壊

陽子

弱い核力を伝える粒子（W粒子）すぐに電子とニュートリノに崩壊する

ニュートリノ

ベータ線

電子

電磁気力
引力と反発力がある

静電気で水流
を曲げている
静電気の力（電気力）

原子

静電気を帯びたストロー

電磁気力を伝える粒子
（光子）

電子

磁石の力
（磁気力）

原子核　　原子の中で電子と原子核が
引き合う力（電気力）

強い核力を伝える粒子
（中間子）

中性子　　　陽子

強い核力

原子核

三つ目は，原子核の中の陽
子と中性子がたがいに引き
つけ合う「強い核力（力）」
である。この力は「パイ中
間子」という粒子をやりと
りすることではたらいてい
る。また，陽子や中性子は
三つの素粒子（クォーク）
でできており，「グルーオ
ン」という素粒子をやりと
りすることで形を保ってい
る。パイ中間子による核力
も，このグルーオンをやり
とりすることではたらく力
の一種である。

量子論と一般相対性理論の統合

STEP 1

自然界の四つの力のうちの四つ目が重力である。重力は，地球が地上の物体を引き寄せたり，天体どうしが引きつけ合ったりする力である。相対性理論は量子論と並ぶ自然界の二大理論であり，量子論が次にめざすのは，量子論と一般相対性理論の統合である。量子論では，重力を「重力子」という素粒子の交換で説明する。ただし，重力子も「波と粒子の二面性」をもつ量子論的な粒子である。

月

重力

重力子

重力子

重力

地球

STEP 3

一般相対性理論は，それまで説明できなかったさまざまな現象を見事に説明できた。重力が強くて光も脱出できない「ブラックホール」や，時空のゆがみが波のように伝わっていく「重力波」がその例である。しかし，ブラックホールの中心や宇宙のはじまりを一般相対性理論にもとづいて計算しようとすると，物理量が無限大になってしまい，うまくいかない。そこで，量子論と一般相対性理論を統合する新しい理論「量子重力理論」が必要だと考えられているのである。量子重力理論の候補はいくつかあるが，そのうちの一つが，電子などの素粒子を「ひも」としてあつかう「超ひも理論」である。

一方，一般相対性理論によれば，私たちの暮らすこの「時空」は，のびたりちぢんだりゆがんだりするものとされ，そこを通過する物体は軌道（きどう）がクィッと曲がる。ゴム製のシートの上に重いボーリングの球を置くと，シートがくぼんで近くのゴルフボールが引き寄せられるようなものだ。つまり空間の曲がりで重力が生じると考えるのである。

いん石

地球の質量によって曲げられた空間

地球

平面で表現した空間

非常に重い二つの星がたがいの周囲をまわると，空間が"ゆらされて"，重力波が発生する

重力波

重力波

3 身近な量子論のせかい
Q&A

Q

アインシュタインが構築した相対性理論とは？

A

相対性理論は光や時間と空間に関する理論で，ニュートン力学の常識を根底からくつがえす画期的なものであった。まず，アインシュタインは，1905年に「特殊相対性理論」を発表する。この理論の土台となっているのが，光源がどんな速さで運動していても，光の速度を計測する人（観測者）がどんな速さで運動していても，真空中での光の速さは変わらないという「光速度不変の原理」である。そして，光速は自然界の最高速度であり，光速をこえることは不可能なのである。

ニュートンは「時間」と「空間」は絶対的に不変なものと考えた。宇宙のどんな場所で測っても1秒の進み方は同じであり，1メートルの長さは同じだと考えたのである。一方，アインシュタインは絶対的なものは「光速」であると考えた。時間や空間は一体のもの（時空）であり，その長さはだれにとっても同じではなく，立場によって変わる相対的なものだ，と主張したのである。

特殊相対性理論によると，高速で移動する物体の中では，時間の進み方が遅くなり，空間がちぢむことになる。たとえば，宇宙空間で静止しているAから見ると，高速で進む宇宙船の中にいるBの持ったストップウォッチは，ゆっくり進む。また，Aから見ると，Bの体を含めた宇宙船内のあらゆるものの長さが進行方向にちぢむ。特殊相対性理論によると，このような不思議な現象がおきると考えられるのである。

特殊相対性理論の「特殊」は，特殊な状況でのみ使えるという意味だ。「重力の影響がない」「観測者が加速度運動していない」という条件のもとでしか使えない。そこでアインシュタインは，特殊相対性理論を，より一般的に通用する「一般相対性理論」に発展させた。特殊相対性理論の発表から10年後，アインシュタインが一般相対性理論で明らかにしたのは，重力の正体が「時空のゆがみ」だということだった。質量をもつ物体の周囲では，時空がゆがみ，光すらも進む方向が曲げられると考えたのだ。この時空のゆがみは，物体の質量が大きいほど大きく，物体に近いほど大きくなる。また，重力が強い場所ほど，時間の進み方が遅くなるのである。

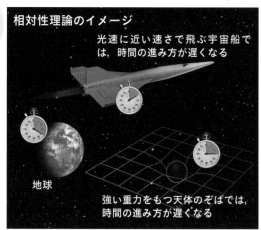

相対性理論のイメージ

光速に近い速さで飛ぶ宇宙船では，時間の進み方が遅くなる

地球

強い重力をもつ天体のそばでは，時間の進み方が遅くなる

Q

半導体の性質はどのように役立っているのだろうか？

A

銅や鉄などの「金属（導体）」は，電流を流すことができるが，通常のセラミックスのような「絶縁体」では，非常に高い電圧をかけないかぎり電流は流れない。導体と絶縁体の中間の性質をもつのが半導体であり，シリコンや

ゲルマニウムなどがあげられる。

　絶縁体の場合，バンドギャップが大きいために，通常は電子が“ジャンプ”不可能となる。「電子の流れ＝電流」なので，絶縁体は電流が流れないのである。一方，半導体の場合，このバンドギャップが小さいため，温度を上げると熱エネルギーをもらった電子がバンドギャップをこえて空のバンドに移動する。すると，金属ほどではないが，多少の電流が流れる。また不純物をまぜることでも，空のバンドに電子を“注入”することができ，電流の流れやすさを調節できる。

　半導体に不純物をまぜたり，複数の種類の半導体を組み合わせたりすることで，さまざまな素子を生み出すことができる。たとえば「ダイオード」は電流をある方向にしか流さず，逆方向には電流を流さない素子である。また，「トランジスタ」は，電気信号の増幅(ぞうふく)や，電流のオン／オフを切りかえるスイッチなどに使われる素子である。トランジスタはあらゆる電子回路の基本で，コンピューターの演算回路は膨大(ぼうだい)な数のトランジスタの集積である。

量子論が，広大な宇宙の誕生の瞬(しゅん)間(かん)を解き明かす？

　宇宙は膨張をつづけていることがわかっている。これは，時間をさかのぼれば，過去の宇宙は今よりもずっと小さかったことになる。相対性理論にもとづいて考えると，過去にさかのぼると宇宙空間の大きさはゼロに近づき，最終的には完全につぶれてしまう。宇宙がつぶれるというのは，宇宙空間さえもない「無」である。

　ウクライナ生まれの物理学者アレキサンダー・ビレンキンは空間さえもない「無」から宇宙が誕生できることを，量子論的な発想にもとづいて導いた。カギをにぎるのが，トンネル効果（46ページ）である。これによって，“無”の状態が，本来はのりこえられないは

ずの山（エネルギーの山）をすり抜けるようにして，有限の大きさをもつミクロな宇宙に移り変わった可能性があるのだ。宇宙誕生のプロセスをさらに考察するには，量子重力理論（72ページ）が必要だと考えられている。

量子重力理論の有力候補，超ひも理論とは何か？

　物質を細かく分割していくと，最終的に「素粒子(そりゅうし)」に行きつく。原子核(かく)を構成する陽子はアップクォーク2個とダウンクォークと1個，中性子はアップクォーク1個とダウンクォーク2個の素粒子で構成されている。電子もまた素粒子である。また，素粒子には力を伝えるもの，質量をあたえるもの（ヒッグス粒子）など何種類もあり，重力子以外はその存在が確認されている。

　従来の物理学では，素粒子は大きさゼロの「点」としてあつかってきた。しかし超ひも理論では，素粒子は長さ10^{-35}メートル程度（理論モデルによってことなる）のひもだと考える。何種類もある素粒子の正体はすべて1種類のひもで，そのひもの振動のちがいが素粒子のちがい（質量や電荷などのちがい）としてみえると考えるのである。

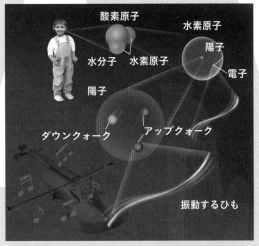

ひもに太さがあるようにえがいているが，実際のひもの太さはゼロである。また，ひもに色をつけてえがいているが，色にも意味はない。

革新的な技術
「量子コンピューター」とは

STEP 1

現代社会は，個人のスマートフォンから研究機関が利用するスパコンまで，あらゆるところに行き渡った無数のコンピューターによって動かされているといってよい。その性能は日進月歩で進化をつづけている。しかし，「量子コンピューター」は既存のコンピューターを圧倒的に上まわるほどの超高速計算を可能にする，革新的な技術である。そのため，IBMやGoogleなどの世界的企業がきそって量子コンピューターの開発を進めているのだ。

STEP 2

インターネットのセキュリティなどに用いられているRSA暗号には，巨大（きょだい）な数の素因数分解がかかわっている。スパコンでさえこれを解くことは事実上不可能であるため，現時点では安全な技術だとされている。しかし，将来的に大規模な量子コンピューターが実現すると，このRSA暗号はたちまち破られてしまうと考えられているのだ。

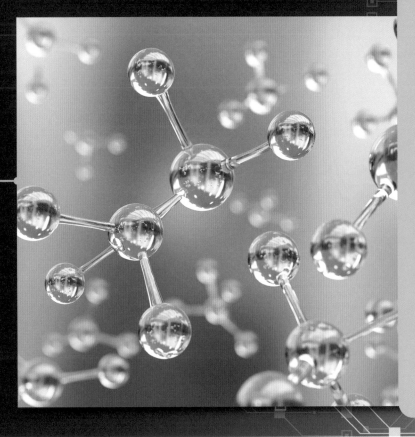

STEP 3

原子や分子の構造を，電子の状態やエネルギーから計算することを「量子化学計算」という。量子化学計算では量子論の効果を取り入れた計算をする必要があり，従来のコンピューターでは膨大（ぼうだい）な時間がかかってしまう。量子コンピューターにより効率的に計算ができるようになれば，未知の物質の機能をシミュレーションによって予想できるようになるのだ。環境問題を解決する新たな触媒（しょくばい）の開発など，地球規模の課題解決につながる可能性がある。

量子コンピューターは状態の共存を利用する

金庫

STEP 1

ここに10個のスイッチがついた金庫がある。スイッチの上下が正しいパターンにならないと金庫は開かない。スイッチのパターンは10個がすべて下向きの場合からすべて上向きの場合まで，1024（＝2^{10}）通りある。正しいパターンを知らない場合，この金庫を開けるには全パターンを一つずつためしていくしかない。

スイッチ
（上か下を向く）

10個のスイッチがとりうる
上下のパターン
（全1024通り）

STEP 3

これは「量子コンピューター」が既存のコンピューターより高速に計算を行えるしくみを比喩的に表現したものだ。量子コンピューターは，電子などのミクロな物質が同時に複数の状態をとる「状態の共存（30ページ）」という現象を利用して計算を行う，特殊なコンピューターである。つまり，量子コンピューターは既存のコンピューターとまったくちがう原理ではたらくもので，スパコンを単純にパワーアップしたものではないのだ。

もし「上と下の両方を同時に向くことができる」という不思議なスイッチ（量子スイッチ）があったらどうなるだろうか。これを使えば，全パターンを順番にためすことなくとびらが開くのだ。10個のスイッチがすべて量子スイッチであれば，正解を含む全1024パターンを同時にとっていることになる。ゆっくりと取っ手をまわすと，量子スイッチに変化が生じる。最初は"均等に"上と下を向いていた各スイッチが，少しずつ上か下に"かたよる"。そして取っ手が最後までまわるころには，はっきりと正解のパターンをとり，金庫のとびらが開くことになる。

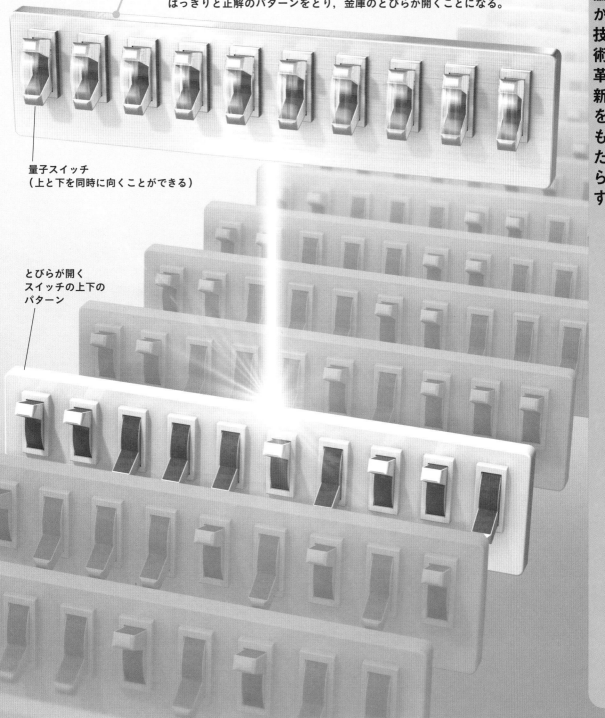

量子スイッチ
（上と下を同時に向くことができる）

とびらが開く
スイッチの上下の
パターン

量子コンピューターは量子ビットで計算する

STEP 1

既存のコンピューターでは，数も画像も，すべての情報を「0」と「1」の羅列で表現する。たとえば，「N」という文字は「1001110」といったぐあいだ。0または1の値をとるデータの最小単位のことを「ビット」といい，0と1は電子回路の電圧や電流などのオン・オフで表現される。「N」は7個の0と1で表現されているため，7ビットを使っていることになる。ビットの情報は，「メモリー」とよばれる装置に記憶される。コンピューターはメモリー上のビットの情報を高速で書きかえるなどして，さまざまな計算や画面上への文字の表示などの処理を行う。

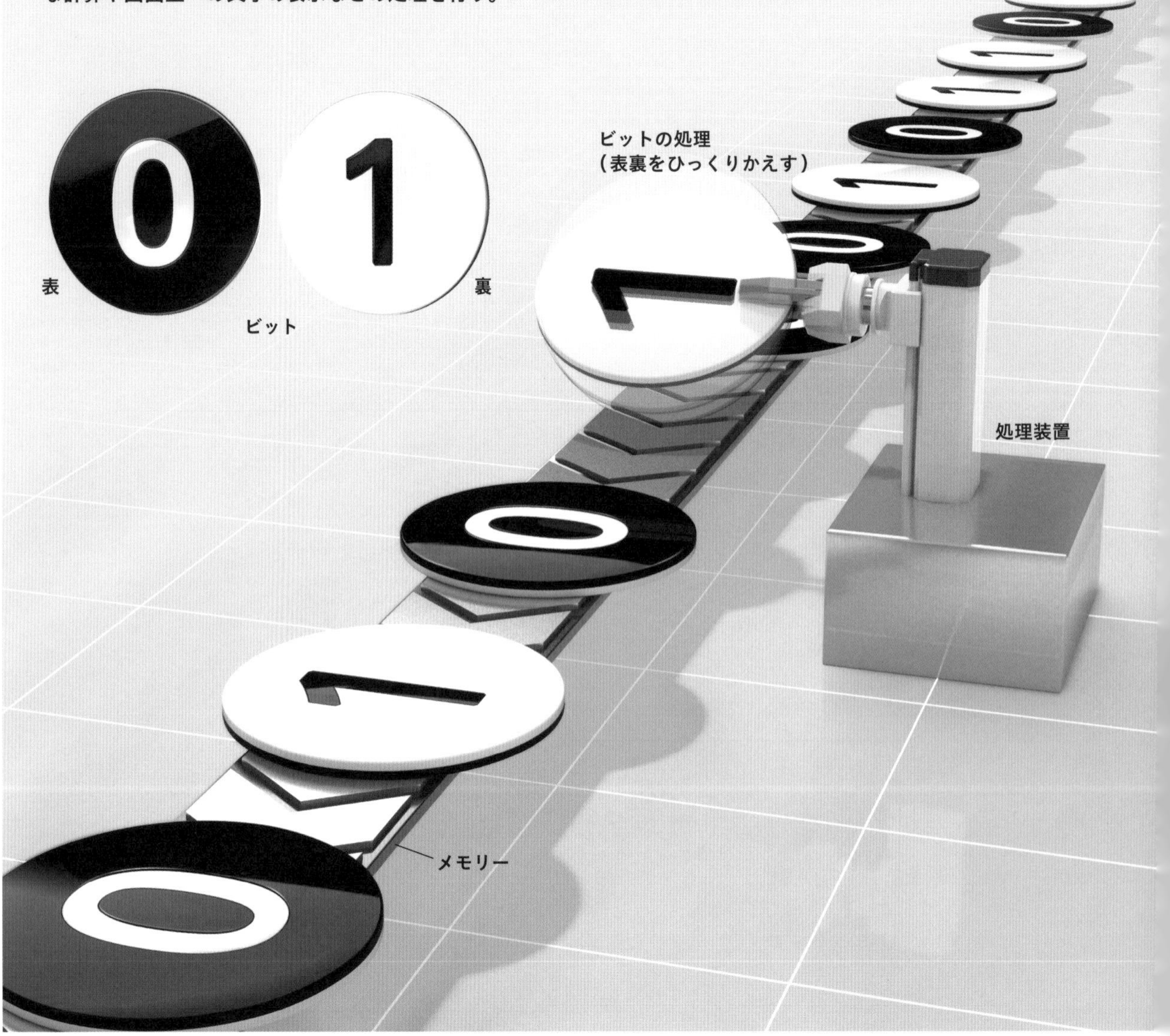

表 0 1 裏

ビット

ビットの処理
（表裏をひっくりかえす）

処理装置

メモリー

一方の量子コンピューターのビットは,「量子ビット」または「キュービット」とよばれる。量子ビットは, 状態の共存（重ね合わせ）によって, 0と1の両方の値を同時にあらわすことができる特殊なビットである。量子ビットを「観測」すると, 0と1の重ね合わせ状態がこわれて, 通常のビットと同じように0か1のどちらかに決まる。10量子ビットあれば, 重ね合わせによって1024通りのパターンを同時にあらわせる。これを重ね合わせ状態のまま計算すれば, 1度に全1024パターンについて計算したことになるのだ。

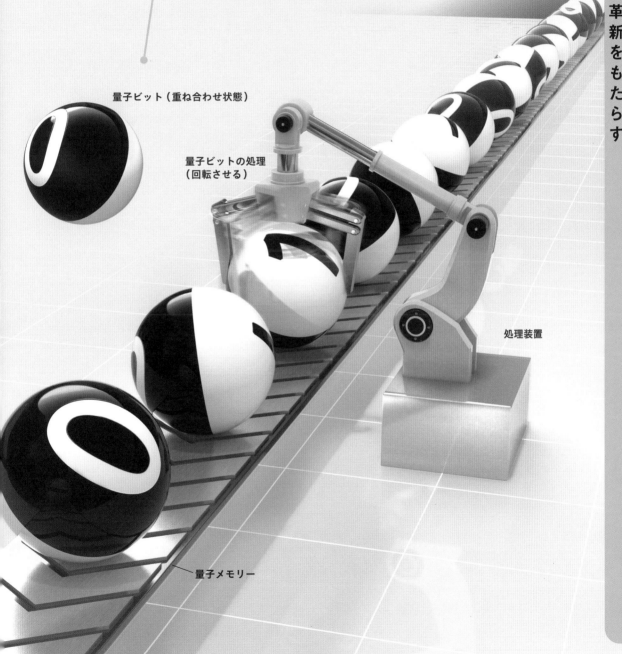

量子ビット（重ね合わせ状態）

量子ビットの処理
（回転させる）

処理装置

量子メモリー

量子ビットの方式は多種多様で，一長一短

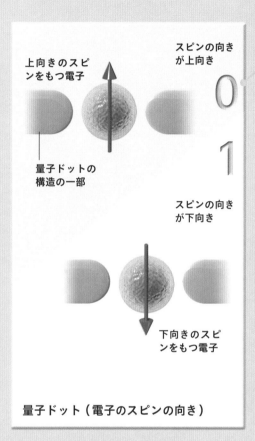

上向きのスピンをもつ電子

量子ドットの構造の一部

スピンの向きが上向き　0

スピンの向きが下向き　1

下向きのスピンをもつ電子

量子ドット（電子のスピンの向き）

量子コンピューターは一般的に，量子ビットの個数がふえるほどより高性能になると考えられている。量子ビットは0と1を同時に表現する必要があるため，重ね合わせ状態になれるものを使う必要がある。その一つが電子だ。この場合，ケイ素などでできた「量子ドット」という構造の中に閉じこめた電子のスピンの向きを，0と1に対応させる。そして電磁波を作用させることによってスピンの向きを変化させる。重ね合わせの状態は比較的安定しているが，きわめて低温に冷やす必要がある。

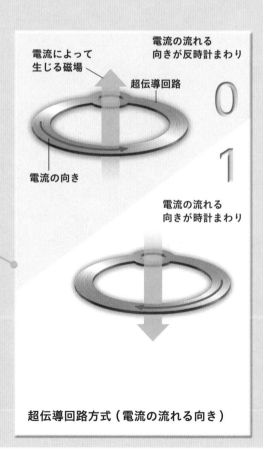

電流によって生じる磁場

電流の流れる向きが反時計まわり　超伝導回路　0

電流の向き

電流の流れる向きが時計まわり　1

超伝導回路方式（電流の流れる向き）

「超伝導回路方式」の量子ビットは現在最も開発が進んでいる。Google社の「Sycamore」や，IBM社のIBM「Quantum」はこの方式をとっている。超伝導電流がつくる電磁石を用いる「磁束量子ビット」や，超伝導を引きおこしている電子のペアの数を0と1に対応させる「電荷量子ビット」などがある。大がかりな冷却装置が必要なことと，量子ビットがほかの方式より不安定なことが欠点だが，量子ビットを電気信号として読みだしやすいという利点がある。

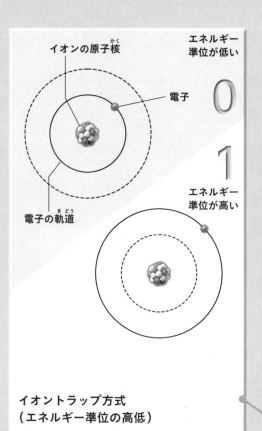

イオントラップ方式
（エネルギー準位の高低）

エネルギー準位が低い

イオンの原子核

電子

エネルギー準位が高い

電子の軌道

0

1

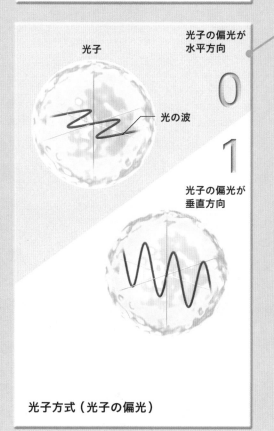

光子方式（光子の偏光）

光子の偏光が水平方向

光子

光の波

光子の偏光が垂直方向

0

1

STEP 3

「イオントラップ方式」は，原子が電荷をおびたイオンを利用し，エネルギーが高い状態と低い状態を量子ビットの値に対応させている。精度のよい量子ビットをつくれるが，量子ビットの数をふやすのがむずかしく，操作に時間がかかる欠点もある。「光子方式」は，たとえば光の粒子である光子を量子ビットとして利用し，偏光（波の振動の向き）を0と1に対応させる方法だ。冷却装置などが必要ないという利点があるが，量子ビット間の操作がむずかしいなどの欠点がある。このほかにも，さまざまなタイプの量子ビットが提案され，実験されている。どの方式にも利点と欠点があり，今後どの方法が一般的になっていくかはまだわからない。

現代のセキュリティは崩壊するのか

STEP 2

量子ビットで計算を行う際には，重ね合わさったさまざまな可能性の中から，一つの正解を選び出す操作が必要になる。この量子コンピューター独特の計算手法が「量子アルゴリズム」だ。最初の状態では量子ビットは0と1の重ね合わせの状態にあり，量子ビットどうしは量子もつれによって結ばれている。基本状態はある種の波であらわされ，波の振幅が大きいほど観測される確率が高くなる。最初はどの基本状態も観測される確率は均一だが，「量子演算」により，正解となる基本状態が観測される確率が増幅される。この量子演算をくりかえし，最後に量子ビットを観測すると，重ね合わせの状態が解け，正解の0と1の並びが出力されるのである。

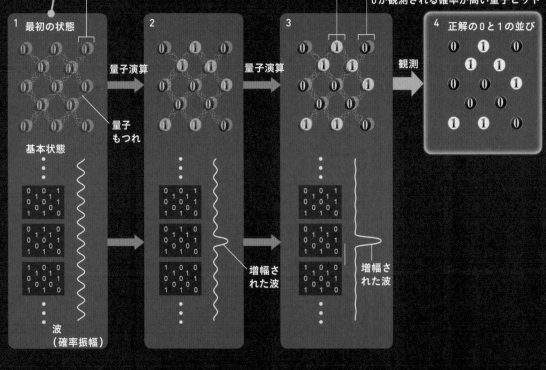

重ね合わせの状態の量子ビット

1が観測される確率が高い量子ビット
0が観測される確率が高い量子ビット

1 最初の状態　→ 量子演算 → 2 → 量子演算 → 3 → 観測 → 4 正解の0と1の並び

量子もつれ

基本状態

波（確率振幅）

増幅された波

増幅された波

状態の共存（重ね合わせ）とともに，量子コンピューターを理解するうえで欠かせないのが量子もつれ（42ページ）である。「どんなにはなれていても，一方の粒子の状態が確定すると，もう片方の粒子の状態も確定する」ような関係のことだ。量子コンピューターは一般的に，量子もつれによってたがいに結びついた量子ビットの個数がふえるほど，より高性能になると考えられている。

2個の電子

上向きのスピンをもつ電子と下向きのスピンをもつ電子の重ね合わせの状態

量子もつれのイメージ

片方が上向きに確定したら… もう片方も上向きに確定

片方が下向きに確定したら… もう片方も下向きに確定

量子アルゴリズムの中で有名なものに「ショアの素因数分解」がある。巨大な素数どうしのかけ算の答えを求めることは簡単だが，逆にその答えを素因数分解するには膨大な量の計算が必要となる。たとえば617けたの数を素因数分解するには，スパコンでも10億年以上かかると見積もられている。そのため，RSA暗号などのセキュリティシステムに利用されている。しかし，量子ビットを数千万個もつ量子コンピューターが実現すれば，この量子アルゴリズムを使って，617けたの数の素因数分解もすぐに解けてしまうと予想されている。

巨大な数の因数分解の例

30けたの数

835053554220986254394447853637

素因数　　　　　　　　　　　　　　　　　　　　素因数

= 92709568269121 × 9007199254740997

4 量子論が技術革新をもたらす

盗聴不可能！「量子暗号技術」

STEP 1

インターネットを安全に使うために，情報は暗号化されて送られている。しかし，量子コンピューターが開発されると，その安全性が確保できなくなる。そこで，実用化が進められているのが，第三者の盗聴が原理的に不可能な「量子暗号」である。なかでも光子の「偏光」を用いる方法は，実験的な運用段階まで達している。量子暗号では，まず暗号となる鍵（0と1からなる乱数）をやりとりする。このしくみを「量子鍵配送」とよぶ。量子暗号では，まず鍵をやりとりしてから，その鍵を使ってメッセージが暗号化され，送信・復号[1]される。暗号化されたメッセージは，通常の通信方法を使ってやりとりされる。

バーナム暗号[2]による暗号化のしくみ

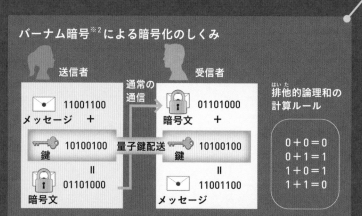

送信者

メッセージ 11001100 ＋

鍵 10100100

暗号文 01101000

通常の通信

量子鍵配送

受信者

暗号文 01101000 ＋

鍵 10100100

メッセージ 11001100

排他的論理和の計算ルール

0＋0＝0
0＋1＝1
1＋0＝1
1＋1＝0

STEP 2

量子鍵配送では，鍵1文字の情報（0か1か）を光子1個の偏光（光の波が振動する向き）の状態として伝える。縦向きに振動していれば0，横向きに振動していれば1などだ。また，偏光には直線偏光（縦か横か）以外に，円偏光（右まわりか左まわりか）もある。そして量子鍵配送では，直線偏光と円偏光のどちらに鍵の情報をのせるかを，送信者が光子1個ごとにランダムで切りかえる。受信者は，どちらの偏光に鍵の情報がのっているかを知らない。そこで，光子ごとに直線偏光と円偏光のどちらかをランダムに測定する。

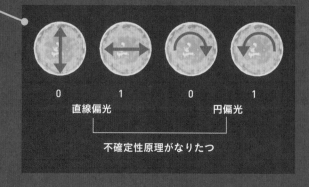

0　　1　　0　　1
直線偏光　　円偏光

不確定性原理がなりたつ

鍵の配送が終わったら，送信者と受信者で各光子のどちらの偏光を利用したかを照らし合わせる。同じ偏光を使っていた光子は残しておき，ちがう偏光を使っていた光子は捨てる。この捨てずに残した光子の情報が，送信者と受信者だけが知っている「量子鍵」になる。光子が途中で盗聴されると，量子論の原理により，盗み見た（＝観測した）瞬間に光子の状態が変わる。これによって盗聴されたことがわかった場合は，その部分の光子を捨てて別の鍵をつくりなおす。この複雑な方法によって情報の安全性を守ることができるのだ。また，送信者が使ったのが直線偏光か円偏光かがわからないので，盗聴者はそもそも信号を正しく読み取ることはできないのである。

1. 送信者と受信者が同じ偏光を利用した場合

送信者 直線偏光の0をあらわすフィルター 直線偏光を測定するフィルター 直線偏光の0：鍵に使用 受信者

2. 送信者と受信者がちがう偏光を利用した場合

送信者 直線偏光の1 円偏光を測定 円偏光の1：鍵に使わず廃棄 受信者

3. 途中に盗聴者がいる場合

盗聴者 光子の状態が変わる 状態が変わった光子：鍵に使わず廃棄 受信者

送信者

4. 1～3をくりかえし，必要なけた数の鍵をつくって共有する

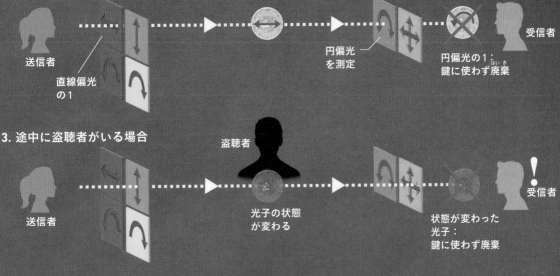

送信者 同じ配列の光子（＝同じ鍵）を共有 受信者

5. できた鍵を使って，メッセージの暗号化と復号を行う

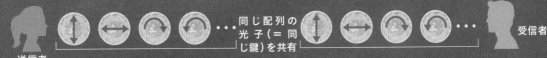

※1：暗号化されたメッセージを元にもどすこと。
※2：バーナム暗号自体は量子暗号にかぎらない古典的な暗号化の方法。

未来の"転送"技術「量子テレポーテーション」

大量の原子

ネコ

地球 　　量子測定室 　　量子送信室

測定室のネコと送信室の原子の間で「もつれ測定」を行う

STEP 2

ネコを量子測定室に入れ，測定室のネコと送信室の原子の間で，強制的に量子もつれの関係をつくり出すような測定を行う。すると測定と連動して，月にある受信室の原子の状態も瞬時に変化する。なお，測定を行うとネコを構成する物質の状態が変化してしまうため，ネコは"こわれて"しまう。ネコを測定した結果は電波で月に送られる。

4

量子論が技術革新をもたらす

STEP 1

テレポーテーション装置を使って，地球から月へネ
コを転送する方法がある，としたらどうだろうか。
地球側には「量子測定室」と「量子送信室」という
部屋があり，量子送信室は月側にある「量子受信室」
と量子もつれでつながっている。そして量子送信室
と量子受信室には，十分な量の物質（原子）が入っ
ているとする。

月

量子もつれ

量子受信室

測定結果を伝える電波

地球でもつれ測定が
行われたと同時に，
原子の状態が変化

STEP 3

月の受信室の物質の状態は量子もつれを介して変化してい
るが，ネコはまだ出現していない。地球から電波で届いた
ネコの測定結果の情報を使って，受信室の状態を補正する
必要がある。すると地球にいたネコとまったく同じネコが
月の受信室にあらわれる，というのだ。これは空想上の話
だが，理論的には可能であり，「量子テレポーテーション」
とよばれる技術が基本である。この技術はこれまでみてき
た量子コンピューターや，通信技術に応用されているのだ。

地球にいたものとまったく
同じネコが出現

量子テレポーテーションで安全な通信が可能に

STEP 3

一方，地上で量子中継をすることなく，一気に遠い場所に量子もつれ状態にある光子を配送することに，中国の研究グループが成功している。それは人工衛星を使って，地上の送信者と受信者へ宇宙から光子を送るというものだ（方法2）。この方法により，中国内の1200キロメートルはなれた場所や，7400キロメートルはなれたオーストリアとの間でも，量子情報通信に成功している。

量子もつれになった光子のペア

量子もつれ

光ファイバー

送信者

STEP 1

通信に量子テレポーテーションを使う「量子情報通信」の目的は「確実性」と「秘匿性」にある。量子もつれ状態を送信側と受信側に用意できれば，どんなに遠距離だろうと量子もつれを介して受信側に直接，情報を伝えることができるのだ。量子もつれを使えば，途中で信号が弱まるなどして大事な情報が失われることはない。また，量子テレポーテーションを使うと内容を完全に秘密にしたままで通信ができるのだ。

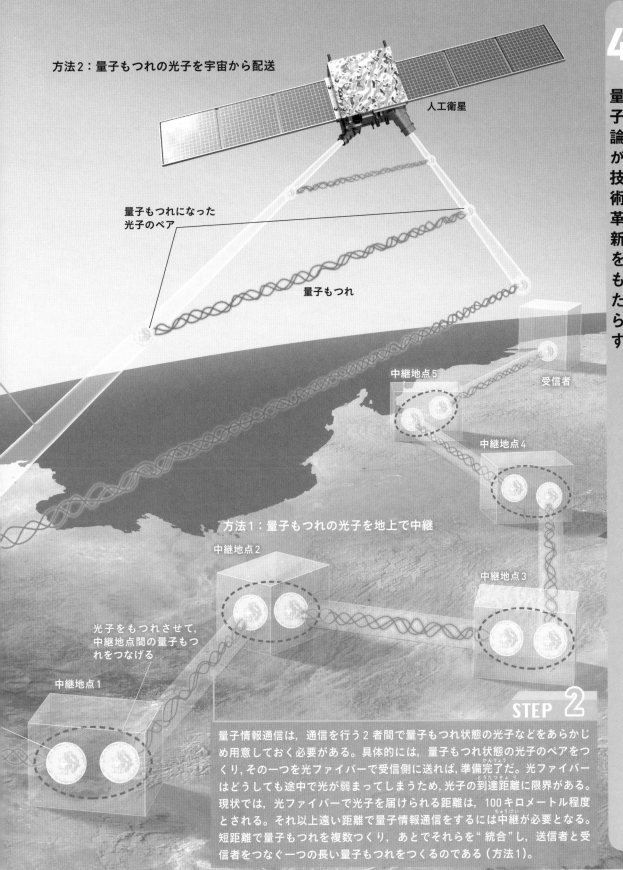

方法2：量子もつれの光子を宇宙から配送

人工衛星

量子もつれになった
光子のペア

量子もつれ

中継地点5

受信者

中継地点4

方法1：量子もつれの光子を地上で中継

中継地点2

中継地点3

光子をもつれさせて，
中継地点間の量子もつ
れをつなげる

中継地点1

STEP 2

量子情報通信は，通信を行う2者間で量子もつれ状態の光子などをあらかじ
め用意しておく必要がある。具体的には，量子もつれ状態の光子のペアをつ
くり，その一つを光ファイバーで受信側に送れば，準備完了だ。光ファイバー
はどうしても途中で光が弱まってしまうため，光子の到達距離に限界がある。
現状では，光ファイバーで光子を届けられる距離は，100キロメートル程度
とされる。それ以上遠い距離で量子情報通信をするには中継が必要となる。
短距離で量子もつれを複数つくり，あとでそれらを"統合"し，送信者と受
信者をつなぐ一つの長い量子もつれをつくるのである（方法1）。

4 量子論が技術革新をもたらす
Q&A

Q/ 量子論は「パラレルワールド」の存在を示唆している？

A/　量子論の解釈の一つに「多世界解釈」というものがある。1個の電子をスクリーンに向かって発射し，スクリーンに衝突させる実験で説明しよう。32ページでみたように，電子はスクリーン上の広い範囲のどこかに衝突する可能性があるが，実際にどこに衝突するかはわからない。そしてスクリーンのどこか1点だけに衝突した痕跡が生じる。量子論の標準的な解釈（コペンハーゲン解釈）では，この現象を，電子が空間を広がりのある“波”として進み，スクリーンに衝突した瞬間（観測が行われた瞬間）に「収縮」して“粒子”となるのだと説明する。スクリーンに衝突するまでは電子は空間に“波”として広がっていたのに，衝突した瞬間に衝突地点以外の“波”は世界から消滅してしまうとされる。

　一方の多世界解釈では，それまで空間に広がっていた“波”が，衝突した1点を残して消滅するとは考えない。電子は衝突する可能性があるすべての場所に衝突するのだと考える。1か所にしか観測されないのは，そこで電子が衝突した地点ごとに，別々の世界に分岐するからだ，と考えるのである。シュレーディンガーのネコ（38ページ）も，多世界解釈で考えると，観測にともなって，「ネコが生きていた世界」と「ネコが死んでいた世界」の並行世界（パラレルワールド）に分岐したと考えることもできるのだ。

　イギリスの物理学者デイビッド・ド

イチュは，この多世界解釈の考えをもとに量子コンピューターの基本原理を考案したといわれている。ただし，量子コンピューターの実現が，多世界解釈の正しさの証明になるわけではない。量子コンピューターが計算処理を行うためには，重ね合わせ状態を維持する必要がある。それはつまり世界が分岐する前の段階だ。分岐したことなる世界の間で，何らかの物質や情報をやりとりすることはできないと考えられている。量子コンピューターの動作原理と多世界解釈の証明はあくまでも別のことなのだ。

Q/ 量子コンピューターはすでにスパコンをこえているのか？

A/　2019年，アメリカのGoogle社は，量子コンピューター Sycamore によって「量子超越性」を達成したと発表している。量子超越性とは，量子コンピューターが従来のコンピューターよりも速く問題を解くことをさす。また中国科学技術大学などのグループは，2020年に「九章」，さらに2021年に「祖沖之2号」によって，量子超越性を達成したと発表している。

　Sycamoreは，53個の超伝導量子ビットをもち，従来のスパコンでは解くのに1万年かかる問題を200秒で解いたというのだ※。これは世界初の量子超越性の達成ということになるだろう。ほかにも，従来のスパコンでは時間のかかった問題を短時間で解くことができたという報告がある。

　ただし今のところ，量子超越性の証明に使われた問題は，私たちの生活に

※：その後この問題の研究が進み，今ではスパコンで5分で解くことが可能になっている。

有用な，実用的な問題ではない。量子コンピューターの強みが最大限発揮できるような，いわば「量子コンピューター専用の問題」なのである。今のところ，どんな問題でも従来のコンピューターより高速に解けるわけではないのである。

実用化の際にもう一つの課題となるのが「量子誤り訂正」だ。量子コンピューターは重ね合わせの状態や量子もつれの状態を維持したまま計算を行う必要があるが，これらの状態は周囲からの熱や雑音信号に非常に弱く，すぐに状態がこわれてしまう。従来のコンピューターでは熱や雑音信号の影響を取りのぞく「誤り訂正」が実用化されている。同様に，量子誤り訂正を実装するためには，計算そのものに使う量子ビットに加えて，量子誤り訂正のための「予備」の量子ビットが必要になる。また，多数の量子ビットを同時に制御し，演算の結果を読み出すハードウェアを設計する必要もある。こうした技術上の困難を克服して，はじめて実用的な量子コンピューターといえるのだ。

今後ますます開発競争は加熱していくと予想される。アメリカのIBM社の「Osprey」のプロセッサーは433量子ビットで，これは超伝導方式によるものである。さらにIBM社は2023年12月，1121量子ビットの「Condor」を開発したと発表している。日本では，「光・量子飛躍フラッグシッププログラム」などの計画に，2018年から年間約120億円を支出している。量子コンピューターの開発はアメリカと中国が先行し，日本やヨーロッパ各国がそれを追いかける構図となっている。

Q/ 量子テレポーテーションは物質の瞬間移動といえる？

....

A/ 量子テレポーテーションは物質そのものを転送するわけではない。あく

までも送信されるのは物質の情報だ。光子を使って，量子テレポーテーションを行うことを考える。量子テレポーテーションによって転送したい光子を「光子X」とする。それとは別に，量子もつれ状態にある二つの光子（光子AとB）を用意する（下のイラスト1）。

まず，光子Xを光子Aに"ぶつけて"，二つを強制的に量子もつれの状態にする。そして，どのように二つの光子がもつれ合ったかを測定する（もつれ測定）。それによって光子XとAの状態は変化し，光子Aともともと量子もつれ状態だった光子Bの状態も，光子Aにつられて瞬時に変化する（下のイラスト2）。

この段階では，光子Xの情報が，光子Aを介して光子Bに伝わってはいるものの不完全である。そこで，光子Xと光子Aのもつれ測定の結果を，補足情報として光子Bのところに伝え，その情報を使って光子Bの状態の補正を行う必要がある。それによって，光子Bは光子Xとまったく同じ状態に変化するのである（下のイラスト3）。これが量子テレポーテーションの基本的な流れである。

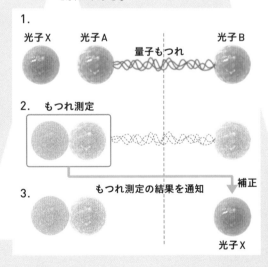

1.
光子X　光子A　　量子もつれ　　光子B

2.　もつれ測定

もつれ測定の結果を通知　　補正

3.

光子X

ミクロの世界では、
私たちの常識は通用しない

Newton別冊
ニュートンムック

知識ゼロから理解できる
量子論の世界

世界のしくみがわかる
謎に満ちた宇宙のはじまりがわかる
パラレルワールドは存在するのか

物理学は量子論で成り立っている
半導体など、現代のハイテク部品は、
すべて量子論のおかげでできている

量子論が切り開く未来
量子コンピューター実用化へのカウントダウン
絶対に解読できない「量子暗号」とは

定価1980円（税込）

テクノロジーを支える量子論の効果
半導体やレーザーなど現代
宇宙のはじまりやパラレルワールド
量子論で考える
量子コンピューターなど最新の話題も
基本から発展までよくわかる

Contents

プロローグ
ラプラスの悪魔／量子論とは？

1. 量子論の誕生
理解のかぎ「波と粒子の二面性」／光の波動説／量子論で考える光／原子の模型／量子論で考える電子と原子

2. 量子論の核心にせまる
理解のかぎ「状態の共存」／電子の干渉／「電子の波」とは何を意味するのか？／解釈をめぐる論争／不確定性関係／量子論でいう「観測」とは何か？　など

3. 物理学と化学をつないだ量子論
化学と固体物理学への発展／量子論と周期表／量子化学／物性物理学／半導体・太陽電池／レーザー／量子生物学／原子時計／「超流動」と「超伝導」

4. 量子論で考える "無" と宇宙
無から生じる有／無と有のはざま／トンネル効果／核融合／自然界の四つの力／無からの宇宙創生／宇宙は幻?／量子論とアインシュタインの物語

5. 発展する量子論
パラレルワールドは実在するか？／量子コンピューター最前線／量子テレポーテーション／量子暗号

別冊の詳しい内容はこちらから！
ご購入はお近くの書店・Webサイト等にてお求めください。

フェイスブックでも情報発信中
www.facebook.com/NewtonScience

X（ツイッター）もやってます！
@Newton_Science

Staff

Editorial Management	中村真哉	Design Format	村岡志津加（Studio Zucca）
Cover Design	村岡志津加（Studio Zucca）	Editorial Staff	上月隆志

Photograph

58	【トランジスタ】simone_n/stock.adobe.com,【CCD】Serhii Shcherbakov/stock.adobe.com
60-61	Mihail/stock.adobe.com
64-65	henk bogaard/stock.adobe.com
76	AA+W/stock.adobe.com
76-77	TechSolution/stock.adobe.com
77	【セキュリティ】Song_about_summer/stock.adobe.com,【量子化学計算】Anusorn/stock.adobe.com

Illustration

表紙	Newton Press
4-5	Newton Press／協力（株）東京ドーム
6〜25	Newton Press
27〜35	Newton Press
36-37	Newton Press,【アインシュタイン，ボーア】山本 匠
38〜45	Newton Press
46-47	Newton Press・秋廣翔子
48〜57	Newton Press
59〜60	Newton Press
62-63	Newton Press
65〜75	Newton Press
78〜83	Newton Press
84	Newton Press・岡田香澄
85〜87	Newton Press
88〜91	Newton Press【地図のデータ：Reto Stöckli,NASA Earth Observatory】
93	Newton Press

本書は主に，ニュートン別冊『知識ゼロから理解できる 量子論の世界』の一部記事を抜粋し，大幅に加筆・再編集したものです。

監修者略歴：
和田純夫／わだ・すみお
元・東京大学大学院総合文化研究科専任講師。理学博士。1949 年，千葉県生まれ。東京大学理学部物理学科卒業。専門は理論物理。研究テーマは，素粒子物理学，宇宙論，量子論（多世界解釈），科学論など。著書に『量子力学の多世界解釈』などがある。

超 効率 30分間の**教養講座**

図だけでわかる！量子論

2024年7月10日発行

発行人	松田洋太郎
編集人	中村真哉
発行所	株式会社 ニュートンプレス
	〒112-0012東京都文京区大塚3-11-6
	https://www.newtonpress.co.jp
	電話 03-5940-2451

© Newton Press 2024 Printed in Japan
ISBN978-4-315-52815-2